FORSCHUNGSBERICHTE DES LANDES NORDRHEIN-WESTFALEN

Nr. 2066

Herausgegeben im Auftrage des Ministerpräsidenten Heinz Kühn
von Staatssekretär Professor Dr. h. c. Dr. E. h. Leo Brandt

DK 517.392

Prof. Dr. phil. Siegfried Filippi

Abteilung für Numerische Mathematik am Institut für Geometrie
und Praktische Mathematik der Rhein.-Westf. Techn. Hochschule Aachen

Untersuchungen über die Fourier-Tschebyscheff-Approximation von Stammfunktionen

Springer Fachmedien Wiesbaden GmbH 1970

ISBN 978-3-663-06550-0 ISBN 978-3-663-07463-2 (eBook)
DOI 10.1007/978-3-663-07463-2

Verlags-Nr. 012066

Ursprünglich erschienen bei Westdeutscher Verlag GmbH, Köln und Opladen 1970

Gesamtherstellung: Westdeutscher Verlag •

Inhalt

1. Einleitung

Die numerische Quadratur zählt heute mit zu den häufigsten Aufgaben der praktischen Mathematik und taucht in fast allen Bereichen der Wissenschaft und Technik auf.
In den letzten zwanzig Jahren sind zu den klassischen Quadraturverfahren eine ganze Reihe von neuen Quadraturverfahren hinzugekommen, so z. B. das Verfahren von LOTKIN, das Verfahren von RICHARDSON–ROMBERG, das Verfahren von RICHARDSON–BULIRSCH–STOER, eine Reihe von neuen GAUSS-Typ-Quadraturformeln und verschiedene HERMITEsche Quadraturformeln u. a. m. (Näheres vgl. [8; 10; 10.1; 10.3; 10.7 und 10.9].)
Diese umfangreiche Entwicklung von neuen Quadraturverfahren wurde einerseits durch den in den letzten zwanzig Jahren exponentiell angewachsenen Einsatz von elektronischen Datenverarbeitungsanlagen in allen Bereichen der numerischen Mathematik ausgelöst. Andererseits bilden gerade die verschiedenen Quadraturverfahren die Basis der wirksamsten numerischen Methoden zur Lösung von Anfangswert-, Randwert- und Eigenwertaufgaben bei gewöhnlichen und partiellen Differentialgleichungen sowie bei Problemen aus dem Bereich der Integral-, Integro-Differential- und Funktionalgleichungen.
Die Verwendung von elektronischen Rechenanlagen zur Lösung von Quadraturproblemen hat außerdem eine vollkommen neue Bewertung der klassischen Quadraturverfahren mit sich gebracht.
Die üblichen Quadraturverfahren erlauben nur eine schrittweise Integration und führen nach sukzessiven numerischen Quadraturen des Integranden über angrenzende Teilintervalle im Integrationsintervall $[a, b]$ auf eine diskontinuierliche Wiedergabe der Stammfunktion. Die in dieser Arbeit behandelten Verfahren liefern dagegen einen handlichen analytischen Näherungsausdruck für die gesuchte Stammfunktion, welcher die Berechnung beliebiger Funktionswerte der Stammfunktion aus $[a, b]$ ohne Tafelinterpolation gestattet und stellt darüber hinaus eine FOURIER-TSCHEBYSCHEFF-Approximation der Stammfunktion über einer finiten Integrationsbasis dar.
Zunächst wird das Problem der Approximation einer vorgegebenen Funktion $f(x)$ mit Hilfe der verallgemeinerten FOURIER-Entwicklung und mit Hilfe der angenäherten TSCHEBYSCHEFF-Approximation vom theoretischen Standpunkt aus behandelt und gleichzeitig auf die praktischen Schwierigkeiten bei der Anwendung dieser Verfahren hingewiesen.
Daran anschließend wird das Quadraturverfahren von CLENSHAW und CURTIS hergeleitet und ein Quadraturkonvergenzbeweis inklusive einer Fehlerabschätzung aufgestellt sowie die praktische Durchführung einschließlich einer automatischen Genauigkeitskontrolle behandelt.
Das CLENSHAW-CURTIS-Verfahren stellt, wie bereits in [10] gezeigt worden war, keine bestmögliche Approximation der N-ten Partialsumme der exakten TSCHEBYSCHEFF-Entwicklung der Stammfunktion $F(x)$ dar. Eine bestmögliche Approximation der N-ten Partialsumme der exakten TSCHEBYSCHEFF-Entwicklung von $F(x)$ wird jedoch durch das in [10] entwickelte Verfahren realisiert. Wir leiten hier dieses neue Quadraturverfahren ab und führen einen Konvergenzbeweis und eine Fehlerabschätzung dazu durch. Außerdem zeigen wir, daß für Integranden $f(x) \in \text{Lip}\,\alpha$ mit $0 < \alpha \leqq 1$ die Approximationsordnung des neuen Verfahrens für $n < 400$ um den Faktor $\frac{1}{n}$ besser ist als die Approximationsordnung des CLENSHAW-CURTIS-Verfahrens.

Diese theoretische Untersuchung wird an durchgerechneten Beispielen voll bestätigt. Zum neuen Quadraturverfahren erläutern wir auch seine praktische Durchführung einschließlich einer automatischen Genauigkeitskontrolle. Ferner werden zu beiden Verfahren eine Reihe von sehr interessanten asymptotischen Eigenschaften sowie ihre Verwandtschaft mit GAUSS-Typ-Quadraturformeln aufgezeigt.
Es wird auch die Frage der FOURIER-TSCHEBYSCHEFF-Approximation von Ableitungen einer gegebenen Funktion $f(x)$ und die Approximation von $f(x)$ selbst mit Hilfe beider o. g. Verfahren erörtert.
Schließlich werden beide Verfahren an Hand zahlreicher Quadraturaufgaben erprobt und untereinander sowie mit den herkömmlichen Quadraturverfahren bezüglich der bei einer vorgegebenen Genauigkeitsforderung jeweils erforderlichen Anzahl von Funktionsaufrufen und bezüglich der Gesamtrechenzeit verglichen. Dabei wird sowohl die bestimmte als auch die unbestimmte Integration betrachtet. Am Beispiel der F-Verteilung in der Statistik wird die Lösung einer völlig neuen Quadraturaufgabe, nämlich bei gegebenem Integralwert und gegebener unterer oder oberer Integrationsgrenze die obere oder untere Integrationsgrenze mit einer vorgegebenen Genauigkeit zu berechnen, mit Hilfe der FOURIER-TSCHEBYSCHEFF-Approximation realisiert.

2. Approximation von Funktionen

Zu den wichtigsten Aufgaben der numerischen Mathematik zählt die Approximation einer vorgegebenen Funktion $f(x)$ durch eine endliche Reihe einfacher und rechentechnisch handlicher Funktionen. Dazu benutzt man die Methoden der Approximationstheorie, in der die Darstellung einer beliebig vorgegebenen Funktion $f(x)$ durch ein geeignetes System gegebener »Koordinatenfunktionen« $\{\varphi_k(x)\}$ behandelt wird. Eine solche Darstellung hat gewöhnlich die Form

$$f(x) \approx \sum_{k=0}^{n} b_k \varphi_k(x) = g(x).$$

Von entscheidendem Einfluß ist dabei die spezielle Wahl des Systems der Koordinatenfunktionen. Falls nicht besondere Eigenschaften der zu approximierenden Funktion $f(x)$, wie z. B. ihre Periodizität, etwas anderes nahelegen, benutzt man als Koordinatenfunktionen häufig das Funktionensystem $\{1; x; x^2; \ldots; x^n\}$ oder bestimmte Systeme von Orthogonalpolynomen. Diese spezielle Wahl der Koordinatenfunktionen hängt nicht nur mit der in rechentechnischer Hinsicht ausgezeichneten Handlichkeit der Polynome zusammen, sondern erhält ihre Eignung durch den fundamentalen Approximationssatz von WEIERSTRASS.
Es sei $\{g_k(x)\}$ mit $k = 0, 1, 2, \ldots$ ein System von Polynomen vom Grade k und orthogonal im endlichen Intervall $[a, b]$ bezüglich einer dort definierten, integrierbaren und nichtnegativen Gewichtsfunktion $W(x) \not\equiv 0$, d. h. es gelten mit

$$g_n(x) = b_{nn} x^n + \cdots + b_{n1} x + b_{n0} \quad \text{und} \quad b_{nn} > 0 \tag{21}$$

die verallgemeinerten Orthogonalitätsrelationen

$$\int_a^b g_n(x)\, g_m(x)\, W(x)\, dx = 0 \quad \text{für} \quad n \neq m.$$

Ist nun $f(x) \in C[a, b]$, dann ist die verallgemeinerte FOURIER-Entwicklung

$$G_N(x) = a_0\, g_0(x) + a_1\, g_1(x) + \cdots + a_N\, g_N(x)$$

mit den verallgemeinerten FOURIER-Koeffizienten

$$a_k = \frac{\int_a^b f(x)\, g_k(x)\, W(x)\, dx}{\int_a^b [g_k(x)]^2\, W(x)\, dx} \tag{22}$$

im Sinne der GAUSSschen Fehlerquadratmethode die beste Approximation, die sich durch ein Polynom N-ten Grades erreichen läßt, so daß der mit $W(x)$ gewichtete mittlere quadratische Fehler

$$\int_a^b [f(x) - G_N(x)]^2\, W(x)\, dx$$

minimal wird. Durch eine geeignete Wahl der Gewichtsfunktion $W(x)$ läßt sich die verallgemeinerte FOURIER-Entwicklung bezüglich der Forderungen, welche an das Restglied

$$R^*_{N+1}(x) = f(x) - G_N(x)$$

gestellt werden können, in mannigfacher Weise steuern. Ist z. B. $W(x) \equiv 1$, dann sind die Polynome $g_k(x)$ bis auf einen beliebigen, von Null verschiedenen, konstanten Faktor identisch mit den LEGENDRE-Polynomen $P_k(x)$. $G_N(x)$ ist dann die beste Approximation »im GAUSSschen Sinne«, wobei hierbei die mittlere (durchschnittliche) Abweichung

$$\left\{\int_a^b [R^*_{N+1}(x)]^2\, dx\right\}^{1/2}$$

ein Minimum wird.
Durch die lineare Transformation

$$t = \frac{2x - a - b}{b - a} \tag{23}$$

läßt sich das gegebene Intervall $a \leqq x \leqq b$ ohne Einschränkung der Allgemeinheit stets auf $-1 \leqq t \leqq +1$ abbilden. Die wichtigsten Systeme von Orthogonalpolynomen erhält man in $[-1; 1]$ bekanntlich zur Gewichtsfunktion $W(x) = (1 - x)^\alpha (1 + x)^\beta$ mit $\alpha, \beta > -1$.
Man bezeichnet sie als »JACOBI-Polynome«

$$P_0^{(\alpha,\beta)}(x),\ P_1^{(\alpha,\beta)}(x),\ P_2^{(\alpha,\beta)}(x),\ \ldots\ .$$

Für $\alpha = \beta$ erhält man daraus die »GEGENBAUER-Polynome«. Man führt hierbei die Kennzahl $\lambda = \alpha + \frac{1}{2}$ ein und schreibt dann

$$P_0^{(\lambda)}(x),\ P_1^{(\lambda)}(x),\ P_2^{(\lambda)}(x),\ \ldots\ .$$

Spezialfälle davon sind die »TSCHEBYSCHEFF-Polynome« erster Art mit $\lambda = 0$ und zweiter Art mit $\lambda = 1$ sowie die »LEGENDRE-Polynome« mit $\lambda = \frac{1}{2}$.

Die praktische Realisierung einer besten Approximation scheitert vielfach daran, daß die Integration im Zähler von (22) zur Bestimmung der verallgemeinerten FOURIER-Koeffizienten nicht formelmäßig durchführbar ist oder einen nicht mehr vertretbaren Aufwand erfordert. Man kann jedoch auch durch eine LAGRANGE-Interprolation eine Approximation erhalten, welche bei hinreichend vielen und passend gewählten Stützstellen einer besten Approximation gleichkommt. Ist

$$f(x) = G(x) = \sum_{k=0}^{\infty} a_k g_k(x)$$

die vollständige FOURIER-Reihe der gegebenen Funktion $f(x)$ und

$$G_N(x) = \sum_{k=0}^{N} a_k g_k(x)$$

ihre N-te Partialsumme, dann ist das Restglied durch

$$R^*_{N+1}(x) = f(x) - G_N(x) = a_{N+1} g_{N+1}(x) + a_{N+2} g_{N+2}(x) + \cdots$$

gegeben. Bei hinreichend schneller Konvergenz der vollständigen FOURIER-Reihe mit

$$|a_{N+1}| \gg |a_{N+2}| \gg \cdots$$

wird R^*_{N+1} im wesentlichen durch das erste vernachlässigte Glied $a_{N+1} g_{N+1}(x)$ repräsentiert. Die Nullstellen von $g_{N+1}(x)$ werden dann mit den Koinzidenzpunkten von $f(x)$ und $G_N(x)$, also den Nullstellen von $R^*_{N+1}(x)$, weitgehend übereinstimmen. Nimmt man als Stützpunkte der Interpolation die Nullstellen von $g_{N+1}(x)$, die alle reell, untereinander verschieden und in (a, b) liegen, dann liefert das LAGRANGEsche Interpolationspolynom $L_N(x)$ eine Approximation an die N-te Partialsumme $G_N(x)$ der exakten FOURIER-Entwicklung und damit eine fast gleichwertige Approximation an $f(x)$. Als Stützpolynom der Interpolation

$$Q_{N+1}(x) = \prod_{i=1}^{N+1} (x - x_i) \tag{24}$$

erhält man mit Hilfe von (21)

$$Q_{N+1}(x) = \frac{g_{N+1}(x)}{b_{N+1,\,N+1}} = x^{N+1} + b^*_N x^N + \cdots \quad ,$$

weil der führende Koeffizient von x^{N+1} in $Q_{N+1}(x)$ nach (24) stets gleich 1 ist. Das Restglied $R_{N+1}(x)$ dieser Interpolation ergibt sich unter der Voraussetzung der Existenz von $f^{(N+1)}(x)$ in $[a, b]$ zu

$$R_{N+1}(x) = \frac{g_{N+1}(x)}{b_{N+1,\,N+1}} \cdot \frac{f^{(N+1)}(\xi)}{(N+1)!} \tag{25}$$

$$\text{mit} \quad \min(x, x_1, \ldots, x_{N+1}) < \xi < \max(x, x_1, \ldots, x_{N+1}).$$

Von allergrößtem Interesse ist die »TSCHEBYSCHEFF-Approximation« (auch »gleichmäßige Approximation« genannt), welche durch die Forderung

$$\max_{a \leq x \leq b} |f(x) - G_N(x)| \stackrel{!}{=} \min$$

charakterisiert wird.

Es gibt jedoch kein allgemeines Verfahren, welches diese Forderung exakt erfüllt. Ein Blick auf das Restglied (25) zeigt, daß diese Forderung im allgemeinen am besten erfüllt wird, wenn die größte Nullabweichung von $g_{N+1}(x)$ möglichst klein ausfällt. Nun hat TSCHEBYSCHEFF gezeigt, daß von allen Polynomen $p_n(x)$ n-ten Grades mit führendem Koeffizienten 1 das Polynom

$$\frac{T_n(x)}{2^{n-1}} = x^n + c_{n-1}x^{n-1} + \cdots + c_1 x + c_0$$

im Intervall $[-1; 1]$ die kleinste obere Schranke des Betrages besitzt. Dabei ist $T_n(x)$ das n-te TSCHEBYSCHEFFsche Polynom erster Art, d. h.

$$T_n(x) = \cos(n \arccos x) \quad \text{für} \quad n = 0, 1, 2, \ldots$$

bzw. für $x = \cos t$

$$T_n(x) = \cos nt.$$

Die ersten TSCHEBYSCHEFF-Polynome (= T-Polynome) sind in Tab. 1 (vgl. Anhang) zusammengestellt.

Wegen $|T_n(x)| \leqq 1$ ist die oben erwähnte obere Schranke gleich $\frac{1}{2^{n-1}}$. Die bekannte Orthogonalitätsrelation der Kosinusfunktionen in $[0; \pi]$, nämlich

$$\int_0^\pi \cos nt \cos mt \, dt = \begin{cases} 0 & \text{für} \quad n \neq m \\ \pi & \text{für} \quad n = m = 0 \\ \frac{\pi}{2} & \text{für} \quad n = m \neq 0 \end{cases}$$

transformiert sich durch die Substitution $t = \arccos x$ in die Relation

$$\int_{-1}^{1} \frac{T_n(x)\, T_m(x)}{\sqrt{1 - x^2}} \, dx = \begin{cases} 0 & \text{für} \quad n \neq m \\ \pi & \text{für} \quad n = m = 0 \\ \frac{\pi}{2} & \text{für} \quad n = m \neq 0. \end{cases} \tag{26}$$

Die n-te Partialsumme zur Approximation einer Funktion $f(x)$ mit Hilfe der verallgemeinerten FOURIER-Entwicklung zur Gewichtsfunktion

$$W(x) = \frac{1}{\sqrt{1 - x^2}} \quad \text{und} \quad g_n(x) = T_n(x)$$

vermittelt die beste Approximation in der Norm $\{\int_{-1}^{1} f^2 W \, dx\}^{1/2} = \| f \|$. Das ist gerade diejenige von allen verallgemeinerten FOURIER-Entwicklungen, welche von vereinzelten Sonderfällen abgesehen der gleichmäßigen Approximation am nächsten kommt.

Offenbar bilden die TSCHEBYSCHEFFschen Polynome ein Analogon zu den Kosinusfunktionen. Daher kann man vieles von der gewöhnlichen FOURIER-Approximation mit Hilfe von trigonometrischen Koordinatenfunktionen auf die Entwicklung nach TSCHEBYSCHEFF-Polynomen übertragen.

Bekanntlich liefert die Theorie der gewöhnlichen FOURIER-Entwicklungen, z. B. bezüglich der Konvergenzschärfe, wesentlich weitergehende Aussagen als die Theorie der Approximation mit Hilfe allgemeiner Orthogonalsysteme. Besitzt z. B. die zu approximierende Funktion $f(x)$ in $[-1; 1]$ stetige Ableitungen bis zur r-ten Ordnung einschließlich und ist $f^{(r+1)}(x)$ in $[-1; 1]$ integrierbar, dann gehen die TSCHEBYSCHEFF-Koeffizienten für $n \to \infty$ wie $\frac{1}{n^{r+1}}$ gegen Null, d. h. es ist

$$|a_n| = 0\left(\frac{1}{n^{r+1}}\right) \quad \text{bzw.} \quad |a_n| \leqq \frac{M}{n^{r+1}}$$

mit $M = \text{const.}$ Ist $f(x)$ sogar eine regulär-analytische Funktion, dann gehen die Koeffizienten a_n schneller als jede Potenz von $\frac{1}{n}$ gegen Null, also etwa wie $\frac{1}{n!}$.
Die hervorragenden Konvergenzeigenschaften einer TSCHEBYSCHEFF-Entwicklung bleiben auch bei einer Approximation vom interpolierenden Typ erhalten. Für LAGRANGEsche Interpolationspolynome $L_n(x)$ n-ten Grades mit TSCHEBYSCHEFF-Abszissen erster Art gilt für beliebige, in $[-1; 1]$ stetige Funktionen $f(x)$ die Relation

$$\lim_{n \to \infty} \int_{-1}^{1} |f(x) - L_n(x)|^p \frac{dx}{\sqrt{1 - x^2}} = 0 \quad \text{mit} \quad p > 0.$$

Diese Aussage ist keineswegs trivial, da bekanntlich eine LAGRANGEsche Interpolation mit beliebigen, z. B. äquidistant verteilten, Stützstellen im allgemeinen für $n \to \infty$ nicht gegen $f(x)$ konvergiert.
Zur Entwicklung einer Funktion $f(x)$ nach TSCHEBYSCHEFF-Polynomen sei ohne Einschränkung der Allgemeinheit angenommen [vgl. (23)], daß $f(x)$ im Intervall $[-1; 1]$ definiert sei. Unter der Voraussetzung, daß $f(x)$ in $[-1; 1]$ stetig und von beschränkter Variation ist, kann $f(x)$ in eine Reihe von TSCHEBYSCHEFF-Polynomen erster Art in der Form

$$f(x) = \frac{a_0}{2} + \sum_{n=1}^{\infty} a_n T_n(x)$$

entwickelt werden. Mit Hilfe der Substitution $x = \cos t$ erhält man daraus

$$f(\cos t) = \frac{a_0}{2} + \sum_{n=1}^{\infty} a_n \cos nt.$$

Durchläuft t das Intervall $-\pi \leqq t \leqq 0$, dann läuft x von -1 bis 1. Erweitert man den Variationsbereich von t über Null hinaus bis π, dann durchläuft x noch einmal dasselbe Intervall in umgekehrter Richtung, also von $+1$ nach -1. Zur näherungsweisen Bestimmung der Entwicklungskoeffizienten a_k kann man dieselbe Methode anwenden, welche aus der numerischen harmonischen Analyse einer 2π-periodischen Funktion bekannt ist, wobei hier jedoch die Koeffizienten der entsprechenden Sinusglieder von vornherein wegfallen. Man erhält dann bei äquidistanter Unterteilung auf der t-Achse mit $2N$ Stützstellen in $-\pi < t \leqq \pi$ und

$$h_N = \frac{2\pi}{2N}, \; t_r = r h_N = \frac{r\pi}{N}, \; f_r = f(\cos t_r)$$

für die ersten $N + 1$ Koeffizienten a_k

$$a_k = \frac{1}{N} \sum_{r=-N+1}^{N} f_r \cos \frac{rk\pi}{N} \quad \text{für} \quad k = 0, 1, 2, \ldots, N. \tag{27}$$

Da $\cos t$ eine gerade Funktion ist, d. h. es gilt $\cos t = \cos(-t)$, stimmen die Summenglieder mit den Indizes r und $-r$ überein, so daß alle Glieder außer $r = 0$ und $r = N$ zweimal vorkommen. Somit erhält man für die Koeffizienten a_k die Relation

$$a_k = \frac{2}{N} \sum_{r=0}^{N}{}'' f_r \cos \frac{rk\pi}{N} \quad \text{für} \quad k = 0, 1, 2, \ldots, N, \tag{27a}$$

wobei das Summenzeichen $\sum''$ bedeutet, daß das erste und das letzte Glied der Summe zu halbieren sind. Mit diesen Koeffizienten gilt für ein beliebiges ganzzahliges N die Relation

$$f(\cos t_r) = \sum_{k=0}^{N}{}'' a_k \cos k t_r;$$

zugleich hat man damit die Entwicklung

$$f(x_r) = \sum_{k=0}^{N}{}'' a_k T_k(x_r) \quad \text{für} \quad [-1; 1]. \tag{28}$$

Dieser Vorgang entspricht genau einer Interpolation an den Stützstellen $x_r = \cos t_r$. Mit Hilfe von $T_k\left(\cos \frac{r\pi}{N}\right) = \cos \frac{rk\pi}{N}$ erhält man aus (27a) das »Koeffizientenpolynom«

$$a(x) = \frac{2}{N} \sum_{r=0}^{N}{}'' f_r T_r(x).$$

Mit Hilfe dieses Polynoms erhält man nun alle Koeffizienten a_k von (28), denn es ist mit $x_k = \cos t_k = \cos \frac{k\pi}{N}$

$$a(x_k) = a_k = \frac{2}{N} \sum_{r=0}^{N}{}'' f_r T_r(x_k) \quad \text{für} \quad k = 0, 1, 2, \ldots, N. \tag{29}$$

Die Bestimmung des Summenwertes für ein x_k in (29) kann man nach einem Verfahren von Clenshaw fast genauso einfach wie die Berechnung eines bestimmten Polynomwertes mit Hilfe des Horner-Schemas durchführen. Ist nämlich G_n ein beliebiges Polynom der Form

$$G_n(x) = \frac{c_0}{2} + \sum_{r=1}^{n} c_r T_r(x)$$

und wird dessen Funktionswert für ein festes x verlangt, so berechnet man die Zahlenfolge $\{z_n, z_{n-1}, \ldots, z_0\}$ sukzessiv mit Hilfe der Rekursionsformel

$$z_r = 2 x z_{r+1} - z_{r+2} + c_r \quad \text{für} \quad r \leqq n$$

und den Startwerten $z_{n+1} = z_{n+2} = 0$. Es gilt dann die Beziehung

$$G_n(x) = \frac{1}{2}(z_0 - z_2).$$

Ersetzt man nämlich in $G_n(x)$ die Koeffizienten c_r durch $c_r = z_r - 2 x z_{r+1} + z_{r+2}$ und ordnet die Reihe nach steigenden Indizes von z, so erhält man

$$G_n(x) = \frac{1}{2}(z_0 - 2xz_1 + z_2) + \sum_{r=1}^{n}(z_r - 2xz_{r+1} + z_{r+2})T_r(x)$$

$$= \frac{z_0}{2} - xz_1 + \frac{z_2}{2} + z_1T_1(x) + z_2T_2(x) - 2xz_2T_1(x)$$

$$+ \sum_{r=3}^{n} z_r[T_r(x) - 2xT_{r-1}(x) + T_{r-2}(x)].$$

Der Ausdruck unter dem Summenzeichen verschwindet wegen der bekannten Rekursionsformel

$$T_{k+1}(x) - 2xT_k(x) + T_{k-1}(x) = 0 \quad \text{für} \quad k \geqq 1$$

für die T-Polynome erster Art. Mit Hilfe der ersten drei T-Polynome $T_0(x) = 1$, $T_1(x) = x$ und $T_2(x) = 2x^2 - 1$ ergeben die verbleibenden Glieder

$$G_n(x) = \frac{z_0}{2} - xz_1 + \frac{z_2}{2} + xz_1 + 2x^2z_2 - z_2 - 2x^2z_2 = \frac{1}{2}(z_0 - z_2),$$

q. e. d. Die T-Polynome $T_k(x)$ mit $k = 3, 4, \ldots$ werden hierbei selbst nicht benötigt, da in die Rechnung nur ihre Koeffizienten c_r und das Argument x eingehen.
Die Voraussetzung, $f(x)$ sei »stetig und von beschränkter Variation« ist z. B. erfüllt, wenn $f(x)$ in $[-1; 1]$ eine beschränkte erste Ableitung besitzt. Die numerische Bedeutung der T-Entwicklung einer gegebenen Funktion unter den genannten Voraussetzungen liegt hauptsächlich darin, daß die Koeffizienten a_k im allgemeinen viel schneller als z. B. die Koeffizienten einer TAYLOR-Entwicklung abnehmen und daß man daher bei gleicher geforderter Genauigkeit im allgemeinen bei einer T-Entwicklung mit weniger Reihengliedern auskommt.
Mit Hilfe der bekannten Relationen

$$T_n(x) = \sum_{r=0}^{2r \leqq n} (-1)^r \binom{n}{2r} x^{n-2r}(1 - x^2)^r$$

bzw.

$$x^{2m} = 2^{1-2m} \sum_{j=1}^{m} \binom{2m}{m-j} T_{2m}(x) + 2^{-2m}\binom{2m}{m}$$

und

$$x^{2m+1} = 2^{-2m} \sum_{j=0}^{m} \binom{2m+1}{m-j} T_{2m+1}(x)$$

kann jede Entwicklung nach T-Polynomen in ein äquivalentes Polynom in x und umgekehrt umgeformt werden.

3. Das Clenshaw-Curtis-Verfahren (= CC-Verfahren)

3.1 Herleitung des Verfahrens

Clenshaw und Curtis (vgl. [5]) entwickelten 1960 ein Quadraturverfahren, welches für die Stammfunktion

$$F(x) = \int_{-1}^{x} f(t)\,dt \quad \text{für} \quad -1 \leqq x \leqq 1 \tag{311}$$

zu einem in analytischer Form gegebenen Integranden $f(x) \in C[-1;1]$ einen analytischen Näherungsausdruck mit einer beliebig vorgegebenen Genauigkeit liefert. Ausgehend von der gegebenen Entwicklung

$$F'(x) = f(x) \approx \sum_{n=0}^{N}{}'' a_n T_n(x) \tag{312}$$

(»≈« ≡ näherungsweise gleich)

wird hierbei eine Darstellung der gesuchten Stammfunktion $F(x)$ durch eine Reihe von T-Polynomen in der Form

$$F(x) \approx \sum_{n=0}^{N+1}{}' b_n T_n(x) \tag{313}$$

gesucht, wobei das Summensymbol $\sum'$ bzw. $\sum''$ bedeutet, daß der erste bzw. der erste und der letzte Summand zu halbieren sind. Schreiben wir T_k anstatt $T_k(x)$, so erhält man bei unbestimmter Integration unter Auslassung der Integrationskonstanten aus $T_0 = 1$, $T_1 = x$ und $T_2 = 2x^2 - 1$ die Relation $\int T_0\,dx = T_1$ und $\int T_1\,dx = \frac{1}{4} T_2$. Mit Hilfe von $x = \cos t$ und $dx = -\sin t\,dt$ erhält man allgemein für $n \geqq 2$ die Beziehung

$$\begin{aligned} \int T_n\,dx &= -\int \cos nt \sin t\,dt = -\frac{1}{2}\int [\sin(n+1)t - \sin(n-1)t]\,dt \\ &= \frac{1}{2}\left[\frac{\cos(n+1)t}{n+1} - \frac{\cos(n-1)t}{n-1}\right] \\ &= \frac{1}{2}\left[\frac{T_{n+1}}{n+1} - \frac{T_{n-1}}{n-1}\right]. \end{aligned}$$

Die gliedweise Integration von (312) unter Verwendung der soeben gefundenen unbestimmten Integrale von T-Polynomen liefert mit einer vorerst noch unbestimmten allgemeinen Integrationskonstanten $b_0/2$ die Relation

$$\begin{aligned} F(x) \approx \frac{b_0}{2} + \frac{a_0}{2} T_1 + \frac{a_1}{4} T_2 + \sum_{n=2}^{N-1} \frac{a_n}{2}\left[\frac{T_{n+1}}{n+1} - \frac{T_{n-1}}{n-1}\right] \\ + \frac{a_N}{4}\left[\frac{T_{N+1}}{N+1} - \frac{T_{N-1}}{N-1}\right]. \end{aligned} \tag{314}$$

Die Glieder unter dem Summenzeichen lassen sich folgendermaßen umordnen:

$$\sum_{n=2}^{N-1} \frac{a_n}{2}\left[\frac{T_{n+1}}{n+1} - \frac{T_{n-1}}{n-1}\right] = -\frac{a_2}{2} T_1 - \frac{a_3}{2}\frac{T_2}{2} + \sum_{n=3}^{N-2} \frac{a_{n-1} - a_{n+1}}{2n} T_n$$

$$+ \frac{a_{N-2}}{2}\frac{T_{N-1}}{N-1} + \frac{a_{N-1}}{2}\frac{T_N}{N}.$$

Geht man damit in (314) hinein, so erhält man

$$F(x) \approx \frac{b_0}{2} + \frac{a_0 - a_2}{2} T_1 + \frac{a_1 - a_3}{2} T_2 + \sum_{n=3}^{N-2} \frac{a_{n-1} - a_{n+1}}{2n} T_n$$

$$+ \frac{a_{N-2} - \frac{a_N}{2}}{2(N-1)} T_{N-1} + \frac{a_{N-1}}{2N} T_N + \frac{\frac{a_N}{2}}{2(N+1)} T_{N+1}.$$

Da $a_n = 0$ ist für $n > N$, erhält man daraus die Relation

$$b_n = \frac{a_{n-1} - a_{n+1}}{2n} \quad \text{für} \quad n = 1, 2, \ldots, N-2, N$$

und

$$b_{N-1} = \frac{a_{N-2} - \frac{a_N}{2}}{2(N-1)}, \quad b_{N+1} = \frac{\frac{a_N}{2}}{2(N+1)}. \tag{315}$$

Verwendet man in (312) das Summensymbol $\sum'$ an Stelle von $\sum''$, so erhält man an Stelle von (315) nur noch eine einheitliche Relation

$$b_n = \frac{a_{n-1} - a_{n+1}}{2n} \quad \text{für} \quad n = 1, 2, \ldots, N,$$

welche man in der Praxis bevorzugt.
Damit haben wir bis auf die Integrationskonstante $b_0/2$ die gesuchte Entwicklung (313) gefunden.
b_0 bestimmen wir in Analogie zu (311) ($F(-1) = 0$) aus (313)

$$\sum_{n=0}^{N+1}{}' b_n T_n(x)\Big|_{x=-1} = 0, \quad \text{also} \quad \frac{b_0}{2} = -\sum_{n=1}^{N+1} (-1)^n b_n . \tag{316}$$

Unter Verzicht auf eine Herausstellung von $b_0/2$ kann man (313) damit auch in der Form

$$F(x) \approx \sum_{n=1}^{N+1} b_n [T_n(x) - (-1)^n] \tag{317}$$

schreiben. Selbstredend könnte man auch eine andere untere Integrationsgrenze irgendwo innerhalb des Integrationsintervalls wählen, jedoch würde man in diesem Falle zur Bestimmung von $b_0/2$ alle Funktionswerte $T_n(x)$ für $n = 1, 2, \ldots, N+1$ an dieser Stelle erst berechnen müssen.
Für den Fall der bestimmten Integration

$$I = \int_{-1}^{1} f(x)\, dx$$

erhält aus (317)

$$I = F(1) - F(-1) \approx \sum_{n=1}^{N+1} b_n [T_n(1) - (-1)^n]$$

und daraus mit $T_n(1) = 1$ für $n = 0, 1, 2, \ldots$ für den gesuchten bestimmten Integralwert für gerades N

$$I \approx \sum_{n=1}^{N+1} b_n [1 - (-1)^n] = 2 \sum_{n=1}^{N/2} b_{2n+1} = 2 (b_1 + b_3 + b_5 + \cdots + b_{N+1}). \tag{318}$$

Wir werden später zeigen, daß man beim CC-Verfahren in der Praxis im allgemeinen nur gerade Zahlen N (vgl. 3.4) verwendet. Bei einem ungeraden N würde die Summe in (318) bis $(N-1)/2$ laufen. Zur Ermittlung des bestimmten Integralwertes I in (318) braucht man natürlich nicht erst die Koeffizienten b_n zu berechnen, sondern kann auch unmittelbar die zuvor berechneten Koeffizienten a_n aufsummieren. Mit Hilfe der Relationen

$$\int_{-1}^{1} T_{2n+1} dx = 0 \quad \text{und} \quad \int_{-1}^{1} T_{2n} dx = \frac{1}{1 - 4n^2}$$

erhält man den Ausdruck

$$I \approx 2 \sum_{n=0}^{N/2}{}'' \frac{a_{2n}}{1 - 4n^2}$$

$$= 2 \left[\frac{a_0}{2} - \frac{a_2}{3} - \frac{a_4}{15} - \cdots - \frac{a_{N-2}}{1 - 4(N-2)^2} - \frac{\frac{a_N}{2}}{1 - 4N^2} \right]$$

Ergänzung

Näherungswerte für die exakten FOURIER-TSCHEBYSCHEFF-Koeffizienten a_n in (312)

$$a_n = \frac{2}{\pi} \int_{-1}^{1} \frac{f(x) T_n(x)}{\sqrt{1 - x^2}} dx$$

erhält man mit Hilfe der Orthogonalitätsrelationen für $N > 0$ und $i, j \leqq N$

$$\sum_{s=0}^{N}{}'' T_i(x_s) T_j(x_s) = \begin{cases} 0 & \text{für} \quad i \neq j \\ N & \text{für} \quad i = j = 0 \quad \text{oder} \quad N \\ \frac{N}{2} & \text{für} \quad i = j \neq 0 \quad \text{oder} \quad N \end{cases}$$

[s. 2. und vgl. auch (419)] mit $x_s = \cos \frac{\pi s}{N}$ und $f_s = f(x_s)$

$$a_n \approx \frac{2}{N} \sum_{s=0}^{N}{}'' f_s \cos \frac{s n \pi}{N}$$

bzw.

$$a_n \approx \frac{2}{N} \sum_{s=0}^{N}{}'' f_s T_s(x_n) \quad \text{mit} \quad x_n = \cos \frac{\pi n}{N}.$$

Über die rationelle Auswertung dieser Summen vgl. die Rekursionsmethode von CLENSHAW in 2.

Bezüglich der Wahl der Stützstellen x_n gibt es nach ELLIOTT (s. [9]) zwei Möglichkeiten:

1. »*Klassische Methode*«

   Hier werden als Stützstellen x_n die Nullstellen von $T_{N+1}(x)$, d. h.

   $$x_n = \cos \frac{(2n+1)}{2(N+1)} \pi \quad \text{für} \quad n = 0, 1, 2, \ldots, N,$$

   gewählt.

2. »*Praktische Methode*«

   Hier werden als Stützstellen x_n die Extremwerte von $T_N(x)$, d. h.

   $$x_n = \cos \frac{n\pi}{N} \quad \text{für} \quad n = 0, 1, 2, \ldots, N,$$

   bzw. die Nullstellen von $[T_{N+1}(x) - T_{N-1}(x)]$ verwendet. Das CC-Verfahren [vgl. (321)] stellt diesbezüglich eine »praktische Methode« dar.

Bemerkung

Zum CC-Verfahren wurden in den letzten Jahren eine Reihe weiterer Arbeiten veröffentlicht. So stellte ELLIOTT (s. [9]) fest, daß die »praktische Methode« gegenüber der »klassischen Methode« einen theoretischen Vorteil hat, wenn die betrachtete TSCHEBYSCHEFF-Reihe langsam konvergiert. ELLIOT zeigte ferner, daß für sehr große n bei meromorphen Integranden der Fehler der »praktischen Methode« bzw. der »klassischen Methode« für das bestimmte Integral von der Ordnung $O\left(\frac{1}{n^3}\right)$ bzw. $O\left(\frac{1}{n^2}\right)$ ist.

Numerische Untersuchungen hierzu hat WRIGHT (s. [22]) an Hand einiger Beispiele durchgeführt. Dabei wurde vorwiegend das bestimmte Integral betrachtet. WRIGHT wies auf Grund seiner numerischen Ergebnisse nach, daß in der Praxis keine großen Genauigkeitsunterschiede zwischen der praktischen und der klassischen Methode bestehen; erst für sehr große n sei die praktische Methode der klassischen vorzuziehen, während für $n < 8$ die klassische Methode besser als die praktische zu sein scheine.

Weitere Arbeiten, welche sich mit dem CC-Verfahren beschäftigen, entnehme man aus dem Literaturverzeichnis.

3.2 Konvergenz-Nachweis und asymptotische Eigenschaften

Die Darstellung (28) in 2. des Integranden $f(x)$ durch ein Interpolationspolynom N-ten Grades besitzt für geradzahliges N mit $N + 1$ symmetrisch verteilten Stützstellen ein Restglied $(N + 1)$-ter Ordnung, welches noch von x abhängt. Bei bestimmter Integration über das Intervall $[-1; 1]$ erhöht sich, wie bei allen symmetrischen Quadraturformeln mit ungerader Stützstellenzahl, die Restgliedordnung um 1, so daß dann noch Polynome vom Grade $N + 1$ exakt integriert werden. Auch bei variabler oberer Grenze bleibt das Restglied von $(N + 1)$-ter Ordnung. Existiert die $(N + 1)$-te Ableitung von $f(x)$, dann erhält man für das Interpolationsrestglied beim CC-Verfahren (vgl. [10.3]) die Relation

$$R(x) = \frac{1}{N\,2^{N-1}}\,\frac{f^{(N+1)}(\xi)}{(N+1)!}\,(x^2-1)\,T'_N(x)$$

$$= \frac{1}{2^N}\,[T_{N+1}(x) - T_{N-1}(x)]\,\frac{f^{(N+1)}(\xi)}{(N+1)!} \quad \text{mit} \quad -1 < \xi(x) < 1. \tag{321}$$

Dabei gilt in $[-1; 1]$ für das Stützstellenpolynom

$$S_{N+1}(x) = \frac{1}{2^N}\,|[T_{N+1}(x) - T_{N-1}(x)]| \leqq \frac{1}{2^{N-1}}. \qquad \text{(s. auch 3.3)}$$

Um eine exakte Aufstellung des Quadraturrestgliedes wird man sich jedoch nicht weiter bemühen, da für größere N eine Fehlerabschätzung an Hand eines Restgliedes mit entsprechend hohen Ableitungen des Integranden erstens zu aufwendig und zweitens beim Einsatz von elektronischen Datenverarbeitungsanlagen wenig geeignet sind (Näheres diesbezüglich vgl. [10.3]).

Mit (321) haben wir nachgewiesen, daß das CC-Verfahren mit wachsendem N Polynome beliebigen Grades exakt integriert. Um nun mit Hilfe des Quadraturkonvergenzsatzes von Stekloff die Konvergenz des CC-Verfahrens bei $f(x) \in C\,[a, b]$ zu zeigen, haben wir nachzuweisen, daß alle Gewichtskoeffizienten des CC-Verfahrens positiv sind: Aus (27) und (28) in 2. erhält man die Beziehung

$$\int_{-1}^{1} f(x)\,dx = \frac{4}{N} \sum_{r=0}^{N}{}'' f_r \sum_{k=0}^{N/2}{}'' \frac{\cos\left(\dfrac{2\,rk\pi}{N}\right)}{1-4\,k^2}. \tag{322}$$

Schreibt man unter Auslassung des Restgliedes

$$\int_{-1}^{1} f(x)\,dx = \sum_{r=0}^{N} \gamma_r f_r\,,$$

dann sind die Gewichtskoeffizienten γ_r, wie man aus (322) sieht, durch

$$\gamma_0 = \gamma_N = \frac{2}{N} \sum_{k=0}^{N/2}{}'' \frac{1}{1-4\,k^2}$$

und

$$\gamma_r = \gamma_{N-r} = \frac{4}{N} \sum_{k=0}^{N/2}{}'' \frac{\cos\left(\dfrac{2\,rk\pi}{N}\right)}{1-4\,k^2} \quad \text{für} \quad r = 1, 2, \ldots, \frac{N}{2} \tag{323}$$

gegeben, wobei die Symmetrie der Gewichtskoeffizienten aus der Relation

$$\cos\frac{2\,rk\pi}{N} = \cos\frac{2\,(N-r)\,k\pi}{N} = \cos\left(2\,k\pi - \frac{2\,rk\pi}{N}\right)$$

folgt. Durch Induktionsschluß erhält man

$$\sum_{k=0}^{n}{}'' \frac{1}{1-4\,k^2} = \frac{n}{4\,n^2-1} \quad \text{für} \quad n = 1, 2, \ldots$$

und daraus ergibt sich für $n = N/2$ für γ_0 und γ_N die explizite Darstellung

$$\gamma_0 = \gamma_N = \frac{1}{N^2-1}.$$

Für die übrigen Gewichtskoeffizienten γ_r mit $r = 1, 2, \ldots, N/2$ erhält man aus

$$\gamma_r = \gamma_{N-r} = \frac{2}{N}\left[1 - 2 \sum_{k=1}^{N/2}{}^{*} \frac{\cos\left(\frac{2\,rk\pi}{N}\right)}{4\,k^2 - 1}\right], \tag{324}$$

wobei das Summensymbol $\sum^*$ bedeutet, daß der letzte Summand zu halbieren ist, mit Hilfe der Ungleichung

$$\left|\sum_{k=1}^{N/2}{}^{*} \frac{\cos\left(\frac{2\,rk\pi}{N}\right)}{4\,k^2 - 1}\right| \leqq \frac{1}{2}\left(1 - \frac{N}{N^2 - 1}\right)$$

die Relation (vgl. auch [14])

$$\gamma_r = \gamma_{N-r} \geqq \frac{2}{N^2 - 1}.$$

In [14] findet man ferner die asymptotische Darstellung

$$\gamma_r \to \frac{\pi}{N} \sin\frac{r\pi}{N} = \frac{\pi}{N}\sqrt{1 - x_r^2} \quad \text{für} \quad N \to \infty. \tag{325}$$

(325) erhält man auch unmittelbar aus (324) mit Hilfe der FOURIER-Entwicklung

$$\frac{\pi}{2}\,|\sin x| = 1 - 2 \sum_{k=1}^{\infty} \frac{\cos 2\,kx}{4\,k^2 - 1},$$

wenn man $x = \frac{r\pi}{N}$ setzt. Alle Gewichtskoeffizienten des CC-Verfahrens sind also stets positiv, so daß wir damit alle Voraussetzungen des Quadraturkonvergenzsatzes von STEKLOFF bewiesen haben (Näheres zur Quadraturkonvergenz vgl. [10.3; 10.9]). Weitere asymptotische Eigenschaften des CC-Verfahrens werden in 4.6 gebracht.

3.3 Fehlerabschätzung

Die finite T-Reihe

$$f_N(x) = \sum_{n=0}^{N}{}' \bar{a}_n T_n(x)$$

mit den angenäherten FOURIER-TSCHEBYSCHEFF-Koeffizienten $\bar{a}_n$ unterscheidet sich von der infiniten T-Reihe

$$f(x) = \sum_{n=0}^{\infty}{}' a_n T_n(x)$$

mit den exakten FOURIER-TSCHEBYSCHEFF-Koeffizienten a_n um die Fehlerfunktion

$$E_N(x) = f(x) - f_N(x) = \sum_{n=0}^{N}{}' (a_n - \bar{a}_n)\, T_n(x) + \sum_{n=N+1}^{\infty} a_n T_n(x).$$

Nach ZURMÜHLS (vgl. [23]) Fehlerabschätzung zur angenäherten ganzrationalen T-Approximation hängen die angenäherten Koeffizienten $\bar{a}_n$ mit den exakten Koeffizienten a_n folgendermaßen zusammen:

$$\begin{aligned} \bar{a}_0 &= a_0 + a_{2N} + a_{4N} + \cdots \\ \bar{a}_n &= a_n + a_{2N-n} + a_{2N+n} + a_{4N-n} + a_{4N+n} + \ldots \qquad (331) \\ &\qquad \text{für} \quad n = 1, 2, \ldots, N-1 \\ \bar{a}_N &= a_N + a_{3N} + a_{5N} + \cdots \end{aligned}$$

Mit Hilfe der Substitution $x = \cos t$ erhält man für die Fehlerfunktion $E_N(x)$ die Relation

$$\begin{aligned} E_N(x) &= \sum_{k=0}^{\infty} a_{(2k+1)N} \cos(2k+1) Nt \\ &\quad - 2 \sum_{k=1}^{\infty} \sin kNt \sum_{n=-N+1}^{N-1} a_{2kN+n} \sin(kN+n)\, t. \qquad (332) \end{aligned}$$

Nehmen wir nun als Stützstellen t_i die Extremalstellen von $T_N(x)$ (= »praktische Methode«), dann gilt in den Stützstellen

$$t_j = \frac{j\pi}{N}, x_j = \cos t_j$$

unter Berücksichtigung von

$$\cos(2k+1) j\pi = (-1)^j, \ \sin kj\pi = 0$$

und

$$\bar{a}_N = \sum_{k=0}^{\infty} a_{(2k+1)N}$$

nach (331) für $E_N(x_j)$ die Beziehung

$$E_N(x_j) = (-1)^j \sum_{k=0}^{\infty} a_{(2k+1)N} = (-1)^j \bar{a}_N,$$

d. h. in den Stützstellen x_j ist der Approximationsfehler $E_N(x_j)$ des Integranden gleich $|\bar{a}_N|$. Um den bei der genäherten Quadratur gemachten Fehler R_N zu erhalten, müssen wir (332) integrieren. Dabei nehmen wir an, daß die Reihe hinreichend gut konvergiert und wir daher unsere Betrachtung für hinreichend großes N auf die beiden ersten Glieder von (332) beschränken können. Es ist dann

$$E_N \approx a_N \cos Nt - 2\, a_{N+1} \sin Nt \sin \mathrm{t}.$$

Daraus folgt durch Integration

$$R_N \approx \frac{a_N}{N} \sin Nt - \frac{a_{N+1}}{N-1} \sin(N-1)\, t + \frac{a_{N+1}}{N+1} \sin(N+1)\, t.$$

Unter Verwendung bekannter Additionstheoreme folgt daraus

$$R_N \approx \frac{a_N}{N} \sin Nt + \frac{2\, a_{N+1}}{(N+1)(N-1)} [N \cos Nt \sin t - \sin Nt \cos t].$$

Setzen wir voraus, daß $a_N \approx \bar{a}_N$ und $a_{N+1} \approx \bar{a}_{N+1}$ ist, und setzen wir für die trigonometrischen Funktionen jeweils ihre Maximalwerte ein, so gilt

$$R_N \approx \frac{\bar{a}_N}{N} + \frac{2\,\bar{a}_{N+1}}{N+1}.$$

Mit $\frac{1}{N+1} \approx \frac{1}{N}$ für genügend großes N erhält man daraus

$$R_N \approx \frac{\bar{a}_N}{N} + \frac{2\,\bar{a}_{N+1}}{N}$$

bzw.

$$R_N \approx \frac{\bar{a}_N}{N} - \frac{\bar{a}_{N+2}}{N} + \frac{\bar{a}_{N+2}}{N} + \frac{2\,\bar{a}_{N+1}}{N} - \frac{2\,\bar{a}_{N+3}}{N} + \frac{2\,\bar{a}_{N+3}}{N}$$
$$- \frac{\bar{a}_{N+4}}{N} + \frac{\bar{a}_{N+4}}{N} - \frac{2\,\bar{a}_{N+5}}{N} + \frac{2\,\bar{a}_{N+5}}{N} - + \cdots$$

Mit Hilfe der Relation (vgl. 3.1)

$$b_n = \frac{a_{n-1} - a_{n+1}}{2\,n}$$

erhält man für den Quadraturfehler

$$R_N \approx 2\,\bar{b}_{N+1} + 4\,\bar{b}_{N+2} + 2\,\bar{b}_{N+3} + 4\,\bar{b}_{N+4} + \cdots$$

bzw.

$$R_N \approx 2\,\bar{b}_{N+1}\left[1 + 2\,\frac{\bar{b}_{N+2}}{\bar{b}_{N+1}} + \cdots\right].$$

Das gleiche Ergebnis erhielten auch Fox und Parker (vgl. [11]) auf anderem Wege, nämlich für die »praktische Methode«

$$|R_N|_p \leqq 2 \sum_{r=N+1}^{\infty} |\bar{b}_r|$$

und für »klassische Methode«

$$|R_N|_k < 2 \sum_{r=N+1}^{\infty} |\bar{b}_r|.$$

3.4 Praktische Durchführung des Verfahrens und Fehlerkontrolle

Konvergente Reihen besitzen die Eigenschaft, daß ihre höheren Glieder mit einer gewissen Schärfe gegen Null gehen. Die Größenordnung des Fehlers einer n-ten Partialsumme läßt sich daher für genügend großes n (vgl. 3.3) durch den Betrag des ersten oder besser der ersten zwei bis drei vernachlässigten Reihenglieder schätzen. Sind diese nicht unmittelbar verfügbar, dann kann man sich diesbezüglich auch an dem letzten oder entsprechend den zwei bis drei letzten noch mitgeführten Gliedern orientieren.

Die Rechnung werde zunächst mit einem beliebigen Anfangswert N begonnen. Um zu entscheiden, ob N groß genug ist, werden die Koeffizienten b_r der Stammfunktion $F(x)$ untersucht. Zur Genauigkeitskontrolle kann man z. B. verlangen, daß die letzten drei Koeffizienten b_{N-1}, b_N, b_{N+1} dem Betrage nach kleiner als eine vorgeschriebene Schranke ε sind. Eine solche Abschätzung ist natürlich keine rigorose Abschätzung, d. h. sie schließt die Möglichkeit eines falschen Resultats nicht aus. Jedoch ist die Wahrscheinlichkeit einer Fehlschätzung sehr klein, und sie läßt sich gegebenenfalls durch Hinzunahme weiterer Koeffizienten noch beliebig verkleinern.

Clenshaw und Curtis selbst schlagen vor, die Wertefolge b_{N+1}, kb_N und $k^2 b_{N-1}$ mit ε zu vergleichen, wobei ein Wert $k = 1/2$ (allgemein $0 < k \leqq 1$) empfohlen wird. Eine andere, freilich stärkere und sichere Abfrage ist die gleichzeitige Forderung: $|b_{N-1}| + |b_N| + |b_{N+1}| \leqq \varepsilon$. Im Fall eines bestimmten Integrals (vgl. 3.1) verschwinden alle geraden Koeffizienten b_n bzw. alle ungeraden Koeffizienten a_n, so daß man hier zur Abfrage drei nicht verschwindende Koeffizienten nehmen muß.

Die Rechnung werde nicht unter $N = 4$, d. h. $N + 1 = 5$ Stützstellen gestartet. Zunächst berechnet man a_N und daraus nach (315) b_{N+1}. Falls nun $|b_{N+1}| \leqq \varepsilon$ ist, wird a_{N-1} und b_N berechnet. Ist auch $|b_N|$ genügend klein, wird a_{N-2} und b_{N-1} ermittelt. Wird der Test durchweg bestanden, so erfolgt erst die komplette Rechnung. Bei Nichtbestehen des Testes unterbleibt die weitere Rechnung. Statt dessen wird N durch $2\,N$ ersetzt und ein neuer Test gestartet. Auf Grund der Konvergenzgewähr existiert in jedem Falle ein $N = 2\,s$ mit $s = 2, 3, \ldots$, welches schließlich den Testbedingungen genügt und die endgültige Berechnung des Integrals auslöst.

Bei der Verdoppelung von N können alle vorher berechneten Funktionswerte wieder benutzt werden, da nämlich die Stützstellen durch $x_r = \cos t_r$ gegeben sind und die t_r äquidistant verteilt sind.

Bei z. B. langsamer Konvergenz der T-Entwicklung kann hierbei eine ziemliche Speicherbelastung auftreten. Man könnte daher bei langsamer Konvergenz der Reihe zu einer oberen Grenze $N = N_{\max}$ kommen, welche durch die Speicherkapazität der verwendeten Rechenanlage bestimmt ist, ohne die gewünschte Genauigkeit erreicht zu haben.

Für das bestimmte Integral schlagen in diesem Falle Clenshaw und Curtis die folgende Abschätzung vor: Es sei

$$f(x) = \sum_{r=0}^{\infty} A_r T_r(x)$$

die exakte Fourier-Entwicklung von $f(x)$ und es werde angenommen, daß alle A_r für $r \geqq 3\,N$ vernachlässigbar sind. Da die Reihe konvergiert, genügen die A_r einer Ungleichung der Form

$$|A_r| \leqq \frac{K_N}{r} \quad \text{für} \quad r \geqq N$$

mit einem von r abhängigen K_N. Der Fehler läßt sich dann durch

$$|R_N| < \frac{2}{N} K_N$$

abschätzen, wobei man für $\frac{2}{N} K_N$ als Näherung die größte der Zahlen

$$2\,|a_{N-4}|, \quad 2\,|a_{N-2}| \quad \text{und} \quad |a_N|$$

oder wahlweise

$$4N\,|b_{N+1}+b_{N-1}+b_{N-3}|\,,\quad 4N\,|b_{N+1}+b_{N-1}|\quad\text{und}\quad 4N\,|b_{N+1}|$$

nimmt.

Wesentlich sinnvoller ist in einem solchen Falle die Zerlegung des Integrationsintervalls und Anwendung des Verfahrens auf jeden Teilabschnitt. Damit würde man die gewünschte Genauigkeit doch noch erreichen. Sind außerdem aus dem Verlauf oder der Funktionsgleichung von $f(x)$ kritische, z. B. singuläre, Stellen erkennbar, dann kann man die Zerlegung darauf abstimmen, indem man Teilabschnitte entsprechender Länge auswählt.

4. Das modifizierte Clenshaw-Curtis-Verfahren (= MCC-Verfahren)

4.1 Herleitung des Verfahrens (vgl. auch [10])

Es sei

$$F(x) \approx G_N(x) = \sum_{n=0}^{N}{}' B_n T_n(x) \tag{411}$$

die N-te Partialsumme der exakten TSCHEBYSCHEFF-Approximation der Stammfunktion

$$F(x) = \int_{-1}^{x} f(t)\,dt \quad \text{für} \quad -1 \leqq x \leqq 1,$$

wobei das Summensymbol $\sum'$ bedeutet, daß der erste Summand zu halbieren ist, und wobei nach 2. die Koeffizienten B_n durch

$$B_n = \frac{2}{\pi}\int_{-1}^{1}\frac{F(x)\,T_n(x)}{\sqrt{1-x^2}}\,dx \quad \text{für} \quad n = 0, 1, 2, \ldots, N \tag{412}$$

gegeben sind.

Durch die gliedweise Differentiation von (411) erhält man unter Berücksichtigung von $F'(x) = f(x)$ die Beziehung

$$F'(x) = f(x) \approx G_N'(x) = g_{N-1}(x) = B_1 + B_2 T_2'(x) + \cdots + B_N T_N'(x). \tag{413}$$

Diese Partialsumme vermittelt selbstredend keine TSCHEBYSCHEFF-Approximation des Integranden $f(x)$ mehr, was wir bei unserer Problemstellung ja gar nicht wollen, sondern stellt eine gewisse andersartige Entwicklung des Integranden $f(x)$ dar, deren spezielle Eigenschaften wir mit Hilfe der »TSCHEBYSCHEFF-Polynome zweiter Art« (vgl. auch 2.)

$$U_n(x) = \frac{T_{n+1}'(x)}{n+1} = \frac{1}{\sqrt{1-x^2}}\sin\,[(n+1)\arccos x]$$

bzw. mit $x = \cos t$

$$U_n(\cos t) = \frac{\sin\,(n+1)\,t}{\sin t},$$

welche die Orthogonalitätsrelationen

$$\int_{-1}^{1} U_n(x)\, U_m(x) \sqrt{1-x^2}\; dx$$

$$= \int_0^{\pi} \sin(n+1)\, t \sin(m+1)\, t\, dt = \begin{cases} 0 & \text{für} \quad n \neq m \\ \pi & \text{für} \quad n = m = 0 \\ \dfrac{\pi}{2} & \text{für} \quad n = m \neq 0 \end{cases} \tag{414}$$

erfüllen, leicht aufzeigen können.

Die verallgemeinerte FOURIER-Entwicklung (vgl. 2.) des Integranden $f(x)$

$$f(x) \approx g_{N-1}(x) = A_0 + A_1 U_1(x) + A_2 U_2(x) + \cdots + A_{N-1} U_{N-1}(x) \tag{415}$$

mit den Entwicklungskoeffizienten

$$A_n = \frac{2}{\pi} \int_{-1}^{1} f(x)\, U_n(x) \sqrt{1-x^2}\, dx \quad \text{für} \quad n = 0, 1, 2, \ldots, N-1$$

ist gerade dadurch charakterisiert, daß der mit $\sqrt{1-x^2}$ gewichtete quadratische Fehler (vgl. 2.)

$$\int_{-1}^{1} [f(x) - g_{N-1}(x)]^2 \sqrt{1-x^2}\; dx \tag{416}$$

minimal wird. (415) liefert die Basis für eine bestmögliche Approximation der N-ten Partialsumme einer exakten TSCHEBYSCHEFF-Entwicklung der Stammfunktion, denn durch gliedweise Integration von (415) erhalten wir

$$F(x) = \int_{-1}^{x} f(t)\, dt \approx \sum_{n=0}^{N}{}' B_n T_n(x), \tag{417}$$

wobei die Koeffizienten B_n bis auf $B_0/2$, welches nachträglich durch die untere Integrationsgrenze bestimmt wird und daher auch noch von N abhängt, mit den Koeffizienten A_n von (415) durch die einfache Relation

$$B_n = \frac{A_{n-1}}{n} \quad \text{für} \quad n = 1, 2, \ldots, N \tag{418}$$

zusammenhängen.

Die Frage, ob die Koeffizienten von (411) und (417), abgesehen von $B_0/2$, identisch sind bzw., ob (412) dasselbe wie (418) liefert, läßt sich leicht klären. Vervollständigt man (415) durch Hinzunahme weiterer Glieder, dann ändern sich auf Grund der Orthogonalität der Koordinatenfunktionen $U_n(x)$ die alten Koeffizienten A_n nicht. Infolgedessen werden sich dann auch die alten Koeffizienten B_n in (416) nicht mehr ändern. Denkt man sich nun sowohl (415) als auch (417) ad infinitum fortgesetzt, so wird zwischen den Koeffizienten A_{n-1} und B_n stets die Relation (418) bestehen bleiben, sofern $f \in C$ und $f = \sum_{n=0}^{\infty} A_n U_n$ *gleichmäßig* in x gilt. Da nun die vollständige Darstellung der Stammfunktion $F(x)$ durch eine infinite, konvergente Reihe von T-Polynomen eindeutig und nur auf eine einzige Weise möglich ist, müssen die Koeffizienten der Reihe (417), welche ja durch gliedweise Integration der FOURIER-Reihe (415) entstanden ist, tatsächlich bis auf $B_0/2$, das von N abhängig bleibt, mit der N-ten Partialsumme (411) der TSCHEBYSCHEFF-Approximation von $F(x)$ übereinstimmen.

Eine Annäherung an die $(N-1)$-te Partialsumme $g_{N-1}(x)$ in (413) kann man nun ganz analog zum CC-Verfahren in 3.1 auch hier durchführen. Mit der Substitution $x = \cos t$ gehen die Koeffizienten A_n in (415) in die Form

$$A_n = \frac{2}{\pi} \int_0^{\pi} f(\cos t) \sin (n+1)\, t \sin t\, dt$$

über.
Wendet man auf dieses Integral mit

$$h = \frac{\pi}{N+1}, \; f_r = f(x_r), \; x_r = \cos t_r$$

und

$$t_r = rh = \frac{r\pi}{N+1}$$

die Sehnentrapezregel in zusammengesetzter Form an, so erhält man die Relation

$$A_n \approx a_n = \frac{2}{N+1} \sum_{r=1}^{N} f_r \sin (n+1)\, t_r \sin t_r. \tag{419}$$

(419) entspricht (27) in 2., wobei in (419) an Stelle von f_r das Produkt $f_r \sin t_r$ getreten ist. Mit Hilfe von

$$\sin (n+1)\, t_r = \sin r t_{n+1} = \sin t_{n+1} U_{r-1}(x_{n+1})$$

und

$$\sin t = \sqrt{1-x^2}$$

erhält man aus (419) die »Koeffizientenfunktion«

$$a(x) = \frac{2}{N+1} \sqrt{1-x^2} \sum_{r=1}^{N} f_r \sin t_r U_{r-1}(x).$$

Der Koeffizient a_n ist also gleich dem Funktionswert der Koeffizientenfunktion an der Stelle x_{n+1} und somit kann er auch wahlweise in der Form

$$a_n = \frac{2}{N+1} \sin t_{n+1} \sum_{r=1}^{N} f_r \sin t_r U_{r-1}(x_{n+1}) \tag{420}$$

geschrieben werden. Diese Darstellung entspricht der Darstellung (29) in 2. Man könnte den Index r in (420) auch von $r = 0$ bis $r = N+1$ laufen lassen; die betreffenden Summenglieder verschwinden jedoch wegen $\sin t_0 = \sin 0 = 0$ und $\sin t_{N+1} = \sin \pi = 0$. Die so bestimmten Koeffizienten a_n stellen eine Approximation von interpolierendem Typ für $f(x)$ in der Form

$$f(x) = g_{N-1}(x) = a_0 + a_1 U_1(x) + \cdots + a_{N-1} U_{N-1}(x)$$

bzw.

$$f(\cos t) \sin t = g_{N-1}(\cos t) \sin t = a_0 \sin t$$
$$+ a_1 \sin 2t + \cdots + a_{N-1} \sin Nt$$

dar, wobei das Gleichheitszeichen strenggenommen nur in den Stützstellen gilt. Die Gl. (419) läßt sich auch aus den Formeln zur trigonometrischen Interpolation herleiten, wenn man sie auf die Funktion $f(\cos t)\sin t$ anwendet. Hier wird bereits ersichtlich, daß das MCC-Verfahren für Integrationszwecke eher als das CC-Verfahren angemessen erscheint, da die Substitution $x = \cos t$ in einem Integral ebenfalls die Transformation

$$F(x) = \int_{-1}^{x} f(x)\,dx = \int_{0}^{t} f(\cos t)\sin t\,dt = F(\cos t)$$

zur Folge hat.

Die numerische Berechnung der Koeffizienten (420) läßt sich auch hier analog zur Vorgehensweise in 2. rekursiv realisieren. Ist nämlich $g(x)$ ein beliebiges in der Form

$$g_n(x) = \sum_{r=0}^{n} c_r U_r(x)$$

gegebenes Polynom und wird dessen Funktionswert für ein festes x verlangt, so berechnet man die Zahlenfolge $\{z_n, z_{n-1}, \ldots, z_0\}$ sukzessiv mit Hilfe der Rekursionsformel

$$z_r = 2\,x z_{r+1} - z_{r+2} + c_r \quad \text{für} \quad r \leqq n$$

und den Startwerten $z_{n+1} = z_{n+2} = 0$. Es gilt dann die Beziehung

$$g_n(x) = z_0.$$

Mit Hilfe von $c_r = z_r - 2\,x z_{r+1} + z_{r+2}$ erhält man zunächst

$$\begin{aligned} g_n(x) &= z_0 - 2\,x z_1 + z_2 + \sum_{r=1}^{n} (z_r - 2\,x z_{r+1} + z_{r+2})\,U_r(x) \\ &= z_0 - 2\,x z_1 + z_2 + z_1 U_1(x) + z_2 U_2(x) - 2\,x z_2 U_1(x) \\ &\quad + \sum_{r=3}^{n} z_r\,[U_r(x) - 2\,x U_{r-1}(x) + U_{r-2}(x)]. \end{aligned}$$

Unter Berücksichtigung der Identität

$$U_{r+1}(x) - 2\,x U_r(x) + U_{r-1}(x) = 0 \quad \text{für} \quad r \geqq 1,$$

welche man mit Hilfe von $x = \cos t$ und Anwendung des Additionstheorems der Sinusfunktion direkt verifizieren kann, und der Relationen

$$U_1(x) = \frac{T_2'(x)}{2} = 2\,x \quad \text{sowie} \quad U_2(x) = \frac{T_3'(x)}{3} = 4\,x^2 - 1$$

erhält man die Beziehung

$$g_n(x) = z_0, \quad \text{q.e.d.}$$

Die U-Polynome $U_r(x)$ mit $r = 3, 4, \ldots$ werden auch hierbei selbst nicht benötigt, da in die Rechnung nur ihre Koeffizienten c_r und das Argument x eingehen.

Bei Integration mit variabler oberer Grenze erhält man nun für die Stammfunktion $F(x)$ aus der gegebenen Entwicklung

$$f(x) \approx \sum_{n=0}^{N-1} a_n U_n(x)$$

bis auf die Integrationskonstante $b_0/2$, welche man wie beim CC-Verfahren ermittelt, die FOURIER-TSCHEBYSCHEFF-Approximation

$$F(x) = \int_{-1}^{x} f(t)\,dt \approx \frac{b_0}{2} + \sum_{n=1}^{N} b_n T_n(x)$$

höchst einfach, indem man nach (418)

$$b_{n+1} = \frac{a_n}{n+1} \quad \text{für} \quad n = 0, 1, 2, \ldots, N-1$$

setzt und an Stelle von $U_n(x)$ $T_{n+1}(x)$ schreibt. Für das bestimmte Integral I erhält man analog zum CC-Verfahren die Relation

$$I \approx 2\,(b_1 + b_3 + b_5 + \cdots + b_{N+1}) = 2\left(a_0 + \frac{a_2}{3} + \frac{a_4}{5} + \cdots + \frac{a_N}{N+1}\right).$$

Grundsätzliche Bemerkungen zum CC- und MCC-Verfahren

Zur angenäherten TSCHEBYSCHEFF-Approximation einer Funktion $f(x)$ durch ein Polynom von vorgegebenem Grade $N-1$ vermittels Interpolation benutzt man die Stützstellensätze des CC-Verfahrens. Damit erhält man Interpolationspolynome $g_{N-1}(x)$, welche einer gleichmäßigen Approximation der Funktion $f(x)$ zustreben, d. h. welche auf eine Approximation der Partialsummen $g^*_{N-1}(x)$ der exakten TSCHEBYSCHEFF-Entwicklung von $f(x)$ hinauslaufen. Integriert man ein solches Polynom $g^*_{N-1}(x)$, dann erhält man in dem neuen Polynom $G^*_N(x)$ eine gewisse Näherung für die Stammfunktion $F(x)$, jedoch, was entscheidend ist, nicht die bestmögliche Approximation der N-ten Partialsumme der exakten TSCHEBYSCHEFF-Entwicklung von $F(x)$. Die Eigenschaft einer gleichmäßigen Näherung an $F(x)$ besitzt $G^*_N(x)$ also durchaus nicht. Diese Aussage gilt für das CC-Verfahren.
Genau umgekehrt liegen die Verhältnisse beim MCC-Verfahren. Wir verwenden ein Interpolationspolynom $g^*_{N-1}(x)$, welches in eine finite Reihe nach $T'_n(x)$-Polynomen entwickelt wird. Natürlich realisiert $g^*_{N-1}(x)$ keine Approximation im TSCHEBYSCHEFFschen Sinne an $f(x)$, was wir ja gar nicht wollen. Durch Integration erhalten wir aber ein Polynom $G^*_N(x)$, welches geradezu auf eine gleichmäßige Approximation der Stammfunktion $F(x)$ hintendiert, also die N-te Partialsumme der exakten TSCHEBYSCHEFF-Entwicklung von $F(x)$ approximiert. Die Entwicklung des Integranden $f(x)$ beim MCC-Verfahren nach den $T'_n(x)$-Polynomen erweist sich somit als die »natürliche« Basis zur gleichmäßigen Approximation der Stammfunktion $F(x)$. Daß das MCC-Verfahren darüber hinaus noch eine um $\frac{1}{n}$ höhere Approximationsordnung als das CC-Verfahren besitzt, wird in 4.4 bewiesen.

4.2 Konvergenz-Nachweis und asymptotische Eigenschaften

Die Reihenentwicklung des Integranden $f(x)$ in (413) von 4.1 ist besonders interessant. Ein LAGRANGEsches Interpolationspolynom $g^*_{N-1}(x)$ für $f(x)$ wird nämlich mit der exakten Partialsumme $g_{N-1}(x)$ in der Regel optimale Übereinstimmung erzielen, wenn man als Interpolationsstützstellen $\{x_1, x_2, \ldots, x_N\}$ die Nullstellen des N-ten Orthogonalpolynoms in $[-1; 1]$ bezüglich der Gewichtsfunktion $\sqrt{1-x^2}$ verwendet, also gerade die Nullstellen von $T'_{N+1}(x)$ (= »praktische Methode«). Unter der Voraussetzung der Existenz der N-ten Ableitung von $f(x)$ erhalten wir hierbei als Interpolationsrestglied

$$R_N(x) = \frac{f^{(N)}(\xi)}{N!} \prod_{r=1}^{N} (x - x_r) \quad \text{mit} \quad -1 < \xi < 1. \tag{421}$$

Setzen wir in (416) von 4.1 an Stelle von $g_{N-1}(x)$ das Interpolationspolynom $g^*_{N-1}(x)$ ein, so erhalten wir

$$\int_{-1}^{1} [R_N(x)]^2 \sqrt{1-x^2}\, dx = \left[\frac{f^{(N)}(\xi^*)}{N!}\right]^2 \int_{-1}^{1} [\prod_{r=1}^{n} (x-x_r)]^2 \sqrt{1-x^2}\, dx \stackrel{!}{=} \min \tag{422}$$

Der Ausdruck $f^{(N)}(\xi)$ auf der linken Seite in (422) entzieht sich einer gezielten Beeinflussung durch die Wahl der Stützstellen und kann daher nach dem verallgemeinerten Mittelwertsatz der Integralrechnung aus dem Integranden in (422) abgespalten werden. Die Minimierung des verbleibenden Integrals in (422) realisiert aber eindeutig das N-te Orthogonalpolynom in $[-1;\ 1]$ bezüglich der Gewichtsfunktion $\sqrt{1-x^2}$, woraus die Relation

$$\prod_{r=1}^{N} (x - x_r) = \frac{T'_{N+1}(x)}{2^N (N+1)}$$

folgt. Hieraus ist wiederum evident, daß man als Interpolationsstützstellen die Nullstellen von $T'_{N+1}(x)$ nehmen muß. Mit (421) bzw. (422) haben wir bewiesen, daß das MCC-Verfahren mit wachsendem N Polynome beliebigen Grades exakt integriert. Um den Quadraturkonvergenzsatz von Stekloff anwenden zu können, haben wir nur noch nachzuweisen, daß alle Gewichtskoeffizienten des MCC-Verfahrens positiv sind.
Zu untersuchen ist daher das Vorzeichen der Gewichtskoeffizienten γ_r, mit denen die Funktionswerte f_r in die Rechnung eingehen, wenn man unter Auslassung des Restgliedes die Darstellung

$$\int_{-1}^{1} f(x)\, dx = \sum_{r=1}^{N-1} \gamma_r f_r$$

wählt. Das Interpolationspolynom $g^*_{N-1}(x)$ läßt sich in der Form

$$f(x) = g^*_{N-1}(x) = \sum_{k=0}^{N-1} a_k U_k(x)$$

$$= \frac{2}{N+1} \sum_{k=0}^{N-1} U_k(x) \sum_{r=1}^{N} f_r \sin(k+1)\, t_r \sin t_r$$

schreiben. Mit Hilfe von

$$\int_{-1}^{1} U_k(x)\, dx = \int_{0}^{\pi} \sin(k+1)\, t\, dt = \begin{cases} \dfrac{2}{k+1} & \text{für } k = 2m \\ 0 & \text{für } k = 2m+1 \end{cases}$$

erhält man

$$\int_{-1}^{1} f(x)\,dx = \frac{2}{N+1} \sum_{m=0}^{M} \frac{2}{2m+1} \sum_{r=1}^{N} f_r \sin(2m+1)\,t_r \sin t_r$$

$$= \frac{2}{N+1} \sum_{r=1}^{N} f_r \sum_{m=0}^{M} \frac{2\sin(2m+1)\,t_r \sin t_r}{2m+1} \quad \text{mit}$$

$$M = \begin{cases} (N-2)/2, & \text{falls } N \text{ eine gerade Zahl ist,} \\ (N-1)/2, & \text{falls } N \text{ eine ungerade Zahl ist.} \end{cases}$$

Damit sind die Gewichtskoeffizienten γ_r durch

$$\gamma_r = \frac{2}{N+1} \sum_{m=0}^{M} \frac{2\sin(2m+1)\,t_r \sin t_r}{2m+1} \quad \text{für} \quad r = 1, 2, \ldots, N$$

gegeben. Es ist nun

$$\sum_{m=0}^{M} \frac{2\sin(2m+1)\,t_r \sin t_r}{2m+1} = \sum_{m=0}^{M} \frac{\cos 2mt_r - \cos(2m+2)\,t_r}{2m+1}$$

$$= \sum_{m=0}^{M} \frac{\cos 2mt_r}{2m+1} - \sum_{m=1}^{M+1} \frac{\cos 2mt_r}{2m-1} = 1 - 2\sum_{m=1}^{M} \frac{\cos 2mt_r}{4m^2-1} - \frac{\cos(2M+2)\,t_r}{2M+1}. \tag{423}$$

Nun gilt

$$\left| 2\sum_{m=1}^{M} \frac{\cos 2mt_r}{4m^2-1} + \frac{\cos(2M+2)\,t_r}{2M+1} \right| \leqq 2\sum_{m=1}^{M} \frac{1}{4m^2-1} + \frac{1}{2M+1}$$

$$= \frac{2M}{2M+1} + \frac{1}{2M+1} = 1,$$

wobei

$$\sum_{m=1}^{M} \frac{1}{4m^2-1} = \frac{M}{2M+1}$$

sich leicht induktiv beweisen läßt. Daher kann (423) nicht negativ werden. Wir haben also auch hier bewiesen, daß für die Gewichtskoeffizienten γ_r die Relation

$$\gamma_r \geqq 0 \quad \text{für} \quad r = 1, 2, \ldots, N$$

gilt, womit wir alle Voraussetzungen des Quadraturkonvergenzsatzes von Stekloff bewiesen haben.

Auch hier läßt sich analog zum CC-Verfahren [s. (325)] für große N bzw. M eine asymptotische Darstellung für die Gewichtskoeffizienten γ_r in der Form

$$\gamma_r \to \frac{\pi}{N+1} \sin t_r = \frac{\pi}{N+1} \sqrt{1-x_r^2} \quad \text{für} \quad N \to \infty \tag{424}$$

ableiten. Dazu benötigt man lediglich die gewöhnliche FOURIER-Entwicklung des Rechteckimpulses

$$y(x) = \begin{cases} -\dfrac{\pi}{4} & \text{für} \quad -\pi < x < 0 \\ \dfrac{\pi}{4} & \text{für} \quad 0 < x < \pi \quad ; \end{cases}$$

diese ist demnach durch

$$y(x) = \sum_{m=0}^{\infty} \frac{\sin(2\,m+1)\,x}{2\,m+1}$$

gegeben.

Für das MCC-Verfahren läßt sich die Quadraturkonvergenz auch noch auf einem ganz anderen Weg mit Hilfe eines viel allgemeineren Satzes über JAKOBI-Polynome beweisen: Es sei

$$Q_n\,[f] = \sum_{r=1}^{n} \gamma_r\, f(x_r)$$

ein Interpolationsquadraturverfahren, d. h. beliebige Polynome vom Grade $\leqq n-1$ werden exakt integriert. Sind nun die Stützstellen x_r identisch mit den Nullstellen eines JAKOBI-Polynoms n-ten Grades (s. 2.)

$$P_n^{(\alpha,\beta)}(x_r) = 0 \quad \text{mit} \quad \alpha, \beta > -1,$$

so besteht für beliebige in $[-1; 1]$ stetige Funktionen $f(x)$ Quadraturkonvergenz (vgl. [21])

$$\lim_{n\to\infty} Q_n\,[f] = \int_{-1}^{1} f(x)\,dx,$$

falls $\alpha, \beta \leqq \frac{3}{2}$ ist. Der Beweis dieses Satzes beruht auf dem Quadraturkonvergenzsatz von POLYA (vgl. z. B. [10.3]), da sich unter diesen Voraussetzungen zeigen läßt, daß die Summe der Beträge der γ_r für $r \to \infty$ nicht unbeschränkt wachsen kann. Da beim MCC-Verfahren die Stützstellen durch die Nullstellen von $U_N(x)$, d. i. das N-te JAKOBI-Polynom mit $\alpha = \beta = \frac{1}{2}$, gegeben sind, würde beim MCC-Verfahren die Konvergenz selbst dann noch gesichert sein, wenn einzelne γ_r negativ wären. Auf das CC-Verfahren kann man diesen Satz nicht anwenden, da $(x^2-1)\,T_N'(x)$ (vgl. 3.2) kein JAKOBI-Polynom ist.

4.3 Fehlerabschätzung

Analog zum CC-Verfahren (vgl. 3.3) wollen wir nun auch für das MCC-Verfahren eine Abschätzung des Quadraturfehlers durchführen.

Die angenäherten FOURIER-TSCHEBYSCHEFF-Koeffizienten $\bar{b}_n$ für $F(x)$ sind beim MCC-Verfahren mit

$$t_r = \frac{r\pi}{N+1}$$

durch

$$\bar{b}_n = \frac{2}{n(N+1)} \sum_{r=1}^{N} f(\cos t_r) \sin t_r \sin n t_r$$

gegeben. Mit Hilfe von

$$F(x) = \int_{-1}^{x} f(u)\, du \quad \text{und} \quad f(u) = b_1 T_1'(u) + b_2 T_2'(u) + \cdots$$

erhält man durch die Substitution $u = \cos t$ in den Stützstellen t_r die Relationen

$$f(\cos t_r) = \sum_{s=1}^{\infty} s b_s \frac{\sin s t_r}{\sin t_r}$$

und damit

$$\bar{b}_n = \frac{2}{n(N+1)} \sum_{s=1}^{\infty} s b_s \sum_{r=1}^{N} \sin \frac{n r \pi}{N+1} \sin \frac{s r \pi}{N+1},$$

wobei b_s die exakten FOURIER-TSCHEBYSCHEFF-Koeffizienten sind. Der Zusammenhang zwischen den exakten Koeffizienten b_n und den angenäherten FOURIER-TSCHEBYSCHEFF-Koeffizienten $\bar{b}_n$ ergibt sich aus der Koinzidenzforderung

$$\frac{\bar{b}_0}{2} = F(-1) + \bar{b}_1 - \bar{b}_2 + \bar{b}_3 - + \cdots + (-1)^{N+1} \bar{b}_N$$

und aus

$$\bar{b}_n = b_n - b_{2(N+1)-n} + b_{2(N+1)+n} - b_{4(N+1)-n} + b_{4(N+1)+n} - + \cdots$$

Für den Quadraturfehler

$$R_N = \sum_{n=0}^{N}{}' (b_n - \bar{b}_n)\, T_n(x) + \sum_{n=N+1}^{\infty} b_n T_n(x)$$

erhält mit Hilfe der Substitution $x = \cos t$

$$R_N = \frac{b_0}{2} - \frac{\bar{b}_0}{2} + \sum_{n=1}^{N} (b_n - \bar{b}_n) \cos n t + \sum_{n=N+1}^{\infty} b_n \cos n t.$$

$\frac{b_0}{2}$ erhält man aus der Koinzidenzforderung

$$F(-1) = \frac{b_0}{2} + \sum_{n=1}^{\infty} (-1)^n b_n,$$

so daß mit dem oben angegebenen Ausdruck für $\frac{\bar{b}_0}{2}$ und $\bar{b}_n$

$$\frac{b_0}{2} - \frac{\bar{b}_0}{2} = \sum_{n=1}^{\infty} (-1)^{n+1} b_n - \sum_{n=1}^{N} (-1)^{n+1} \bar{b}_n$$

gilt. Daraus folgt nun für den Quadraturfehler

$$R_N = \sum_{n=1}^{N} [(-1)^{n+1} + \cos nt]\,[b_{2(N+1)-n} - b_{2(N+1)+n}$$

$$+ b_{4(N+1)-n} - b_{4(N+1)+n} + - \cdots] + \sum_{n=N+1}^{\infty} [\cos nt + (-1)^{n+1}]\, b_n$$

bzw.

$$R_N = b_{N+1}\,[\cos (N+1)\,t + (-1)^{N+2}]$$

$$+ b_{N+2}\,[\cos (N+2)\,t + (-1)^{N+3} + \cos Nt + (-1)^{N+1}]$$

$$+ b_{N+3}\,[\cos (N+3)\,t + (-1)^{N+4} + \cos (N-1)\,t + (-1)^{N}] + \cdots$$

Ersetzen wir die eckigen Klammerausdrücke durch ihre Maximalwerte, so erhalten wir unter Berücksichtigung nur der beiden ersten Glieder und unter Verwendung der Relationen $b_{N+1} \approx \bar{b}_{N+1}$ sowie $b_{N+2} \approx \bar{b}_{N+2}$ für den Quadraturfehler des MCC-Verfahrens

$$|R_N| \approx 2\,|\bar{b}_{N+1}| \cdot \left|\left[1 + 2\,\frac{\bar{b}_{N+2}}{\bar{b}_{N+1}} + \cdots\right]\right| .$$

Diese asymptotische Fehlerabschätzung des MCC-Verfahrens ist also identisch mit der asymptotischen Fehlerabschätzung des CC-Verfahrens. Auf Grund der theoretischen Untersuchungen in 4.4 wird jedoch deutlich, daß man aus gleichen asymptotischen Fehlerabschätzungen in der Praxis im allgemeinen keine stichhaltigen Schlüsse über die Approximationsgüte des einen oder des anderen Verfahrens ziehen kann, vgl. hierzu auch die *Ergänzung* in 3.1 und speziell die Abschnitte 3.2 und 4.2.

4.4 Approximationsordnung

P_n sei die Klasse aller algebraischen Polynome vom Grad $\leqq n$. f sei $\in C\,[a, b]$, dann besitzt das Problem

$$\min_{t_n \in P_n} \max_{x \in [a,b]} |f(x) - t_n| = \min_{t_n \in P_n} \|f - t_n\|_C$$

eine eindeutige Lösung (vgl. [6]); d. h. es ist

$$\min_{t_n \in P_n} \|f - t_n\| = \|f - t_n^*\| .$$

Wir setzen

$$E_n(f) = \|f - t_n^*\| .$$

$$t_n^* = \sum_{k=0}^{n} a_k^* x^k$$

heißt das *Element bester Approximation zu f aus P_n*.
Darüber gelten bekanntlich folgende Sätze:

Satz A: (1. Satz von Jackson) (vgl. [6])

Sei $f \in C\,[a, b]$, dann gilt $E_n(f) \leqq c\,\omega\left(f; \frac{1}{n}\right)$ mit $c > 0$ und unabhängig f und n.

Satz B: (2. Satz von JACKSON)

Sei $f^{(r)} \in C[a, b], f^{(r)} \in \operatorname{Lip} \alpha$ mit $0 < \alpha \leqq 1$ und $r \geqq 0$; dann ist

$$E_n(f) = 0\left(\frac{1}{n^{r+\alpha}}\right).$$

Sei $f \in C[a, b], f \in \operatorname{Lip} \alpha$ mit $0 < \alpha \leqq 1$ (wenn $\alpha > 1$, dann ist $f = \text{const}$) und t_n^* das Polynom bester Approximation zu f aus P_n. Eine nichtlineare Approximation (vgl. [4]) für das Integral

$$\int_a^b f dx \quad \text{ist dann} \quad \int_a^b t_n^*(x)\, dx.$$

Das letzte Integral stellt daher keine Quadraturformel dar. Wir wollen nun die Ordnung von

$$\left|\int_a^b f dx - \int_a^b t_n^* dx\right| \quad \text{für} \quad n \to \infty$$

bestimmen. Zunächst gilt allgemein

$$\left|\int_a^b f dx - \int_a^b t_n^* dx\right| \leqq \int_a^b |f - t_n^*| dx = 0(E_n f).$$

Läßt sich das verbessern für $f \in \operatorname{Lip} \alpha$ mit $0 < \alpha \leqq 1$? Es gilt folgender Satz

Satz C: (TSCHEBYSCHEFF) (vgl. [6])

Sei $f \in C[a, b]$. Sei $t_n \in P_n$ und $\max_{a \leqq x \leqq b} |f(x) - t_n(x)| = \delta$. Ferner seien $n + 2$ Punkte $a \leqq x_1 < x_2 < \cdots < x_{n+2} \leqq b$, so daß $f(x_i) - t_n(x_i) = \pm\delta$ für $i = 1, 2, \ldots, n + 2$ in abwechselnder Reihenfolge gilt.

Dann ist $\delta = E_n(f)$ und t_n das Element bester Approximation zu f aus P_n.

Daraus folgt: Geben wir eine stetige Funktion $f \in C[a, b]$ an, die an $(n + 2)$ Stellen ihren maximalen Wert δ in abwechselndem Vorzeichen annimmt, dann ist das Element bester Approximation $t_n \equiv 0$. In [10.9] wird gezeigt, daß es für $f \in \operatorname{Lip} \alpha$ mit $0 < \alpha \leqq 1$ nicht möglich ist, die oben gestellte Frage positiv zu beantworten. Daher gilt der Satz:

Satz D: 1. Sei $f \in \operatorname{Lip} \alpha$, $0 < \alpha \leqq 1$ und t_n^* das Element bester Approximation zu $f \in P_n$ bzw.

2. sei $F(x) = \int_a^x f(u)\, du$ und T_n^* das Element bester Approximation zu F ($f \in \operatorname{Lip} \alpha$) dann gilt

a) $\left|\int_a^b f dx - \int_a^b t_n^* dx\right| = 0\left(\frac{1}{n^\alpha}\right)$ für $0 < \alpha \leqq 1$

bzw.

b) $\left|\int_a^b f(x)\, dx - T_n^*(b)\right| \leqq \max_{a \leqq x \leqq b} |F(x) - T_n^*(x)| = \frac{1}{n}\, 0\left(\frac{1}{n^\alpha}\right)$,

wobei sich a) *nicht verbessern läßt.*

Beweis: Da nach Satz B für $r = 0$ $E_n(f) = 0\left(\frac{1}{n^{\alpha}}\right)$, ist

a) klar. Daß sich diese Ordnung im allgemeinen nicht verbessern läßt, wurde oben erwähnt.

b) $F(x) = \int\limits_a^x f(u)\,du$ mit $f(u) \in \text{Lip}\,\alpha$ und $0 < \alpha \leqq 1$, d. h. $f \in C\,[a, b]$; mit $F'(x) = f(x) \in \text{Lip}\,\alpha$ folgt daher b) aus Satz B für die Funktion $F(x)$ mit $r = 1$.

Satz D zeigt also folgendes: Approximiert man direkt die Stammfunktion durch das Polynom bester Approximation, so ist die daraus entstehende Näherung im allgemeinen um den Faktor $\frac{1}{n}$ besser als bei bester Approximation der Funktion f und anschließender Integration von t_n^*.

Beim Verfahren von CLENSHAW–CURTIS (s. 3.) wird die Funktion f angenähert durch die n-te Teilsumme ihrer TSCHEBYSCHEFF-Entwicklung. Diese erhält man dadurch, daß man die FOURIER-Reihe für $f(\cos t)$, $-\pi \leqq t \leqq \pi$ aufstellt:

$$(S_n f)(x) = \sum_{k=0}^{n} a_k T_k(x) \quad \text{mit} \quad a_k = \frac{2}{\pi} \int\limits_{-1}^{+1} f(x) \frac{T_k(x)}{\{1 - x^2\}^{1/2}}\,dx,$$

$$f \in C\,[-1, +1].$$

$$T_k(x) = \cos kt \qquad t = \arc\cos x.$$

Nun ist aber $|(S_n f)(x) - f(x)| \leqq (4 + \lg n)\, E_n(f)$ (vgl. [4]).

Da $4 + \lg n < 10$ für $n < 400$ ist, gewinnen wir also für $n < 400$ höchstens eine Stelle, wenn wir $(S_n f)(x)$ durch das Polynom bester Approximation ersetzen.

Das CC-Verfahren entspricht also für $n < 400$ Satz D, a). Das MCC-Verfahren approximiert die Stammfunktion durch eine T-Entwicklung; diese Vorgehensweise entspricht also Satz D, b). Wir erwarten daher, daß für $n < 400$ das MCC-Verfahren um den Faktor $\frac{1}{n}$ besser ist, als das CC-Verfahren.

Weitere neue Sätze über die Approximation von Stammfunktionen werden ebenfalls in [10.9] aufgestellt.

Einen numerischen Nachweis zum Satz D bringen wir zusätzlich in dieser Arbeit:
Ist R_N^{CC} der Fehler des CC-Verfahrens bei einem Polynomgrad N, R_N^{MCC} der Fehler des MCC-Verfahrens beim Polynomgrad N und K eine vom jeweiligen Integranden abhängige Konstante, so läßt ein Vergleich beider Verfahren nach dem Satz D, a) bzw. b) das durch folgende Gleichung charakterisierte Verhalten erwarten:

$$\frac{\max\limits_{a \leqq t \leqq x} R_N^{CC}(t)}{\max\limits_{a \leqq t \leqq x} R_N^{MCC}(t)} = K \cdot N. \tag{441}$$

Trägt man den Polynomgrad N auf der Abszisse und das Verhältnis der Maximalfehler auf der Ordinate eines rechtwinkligen kartesischen Koordinatensystems auf, so stellt (441) eine Gerade mit der Steigung K dar.

Zur numerischen Überprüfung dieses Sachverhaltes wurde ein FORTRAN-Programm erstellt und für verschiedene Integranden $f(x)$ mit bekannten Stammfunktionen $F(x)$ durchgerechnet. Die Ergebnisse wurden maschinell in ein kartesisches (N, y)-Koordinatensystem mit $y = R_{CC}/R_{MCC}$ übertragen. Zum Vergleich wurde dabei die Gerade $y = 20\,N$ eingezeichnet. Durch die für die Integranden

$$f(x) = \frac{1}{1 + (1 + x)^2}, \quad f(x) = \frac{1}{1 + e^x} \quad \text{und} \quad f(x) = x\sqrt{10 - x^2}$$

jeweils errechneten Punkte wurde nach der Fehlerquadratmethode eine Gerade durchgelegt (vgl. Diagramm 1 im Anhang).

Für $N > 60$ stimmen die numerisch ermittelten Ergebnisse mit der Theorie gut überein, besonders wenn man berücksichtigt, daß die Theorie für Elemente bester Approximation gilt, diese aber in beiden Quadraturverfahren durch angenäherte finite T-Approximationen ersetzt wurden.

Für die meisten untersuchten Funktionen genügte die Konstante K in (441) der Ungleichung

$$10 < K < 20$$

Bei einem Integranden ergab sich sogar $K \approx 200$. Lediglich in zwei der zahlreichen weiteren durchgerechneten Beispiele, nämlich für $f(x) = \sinh x$ und $f(x) = x \cos 3\,x$, ergab sich ein K mit $K \approx 0{,}5$.

Die theoretische Erkenntnis, daß das modifizierte Clenshaw-Curtis-Verfahren in seiner Approximationsordnung um den Faktor $1/N$ besser ist als das gewöhnliche Clenshaw-Curtis-Verfahren, wurde in der praktischen Untersuchung also nicht nur bestätigt, sondern durch die Größe des Faktors K sogar übertroffen.

4.5 Praktische Durchführung des Verfahrens und Fehlerkontrolle

Zunächst sei bemerkt, daß die »Kennzahl« N beim CC-Verfahren den Grad des Interpolationspolynoms für $f(x)$ bedeutet, wobei $N + 1$ Stützstellen verwendet werden. Dagegen ist beim MCC-Verfahren N identisch mit der Stützstellenzahl und entspricht dem Grad des Approximationspolynoms der Stammfunktion $F(x)$. Hinsichtlich der Genauigkeitskontrolle (vgl. 4.3) kann man auch hier bis auf geringfügige Unterschiede analog zum CC-Verfahren (s. 3.4) vorgehen. Werden beim MCC-Verfahren die Testabfragen negiert, so ist $N = N_1$ durch $N_2 = 2\,N_1 + 1$ zu ersetzen. In diesem Falle können alle zuvor berechneten $f_k \sin t_k$-Werte unverändert in die neue Rechnung übernommen werden, wodurch alle Vorteile der Wirtschaftlichkeit des Verfahrens erhalten bleiben. Beim CC-Verfahren verwendet man die Startzahl $N_1 = 4$; bei Verdoppelungen erhält man dann $N_2 = 8$, $N_3 = 16, \ldots, N_s = 2^{s+1}, \ldots$ jeweils mit $N_s + 1 = 2^{s+1} + 1$ Stützstellen.

Die gleichen Stützstellensätze mit Ausnahme der Randpunkte ergeben sich beim MCC-Verfahren, wenn man $N_1 = 3$ als Startzahl nimmt. Damit erhält man die Folge $N_2 = 7$, $N_3 = 15, \ldots, N_s = 2^{s+1} - 1, \ldots$ jeweils mit $N_s = 2^{s+1} - 1$ Stützstellen, also in jeder Stufe zwei weniger als beim CC-Verfahren. Sinnvoller ist aber eine größere Startzahl, da man dadurch in der Praxis die vergeblichen Kontrollabfragen in den ersten Rechenstufen einspart.

Ist N eine ungerade Zahl, was ja spätestens nach dem ersten Verdoppelungsschritt der Fall ist, dann braucht der Faktor $\sin t_r$ von f_r nicht zusätzlich ermittelt zu werden, sondern ist bereits durch die Relation

$$\sin t_r = \sin \frac{r\pi}{2\,m + 2} = \cos\left(\frac{\pi}{2} - \frac{r\pi}{2\,m + 2}\right) = \cos t_{m+1-r} = x_{m+1-r}$$

gegeben. Bei n Stützstellen benötigt das MCC-Verfahren gegenüber dem CC-Verfahren n zusätzliche Multiplikationen. Dafür ist beim MCC-Verfahren die Berechnung der Koeffizienten b_k einfacher. Insgesamt gesehen sind bei gleichen Stützstellenzahlen beide Verfahren bezüglich des Rechenaufwandes gleichwertig. Die höhere Approximationsordnung (vgl. 4.4) des MCC-Verfahrens führt bei gleicher geforderter Genauigkeit im allgemeinen noch zu Einsparungen an Stützstellen.

Ist nur das bestimmte Integral gefragt, so erscheinen beide Verfahren, verglichen mit den herkömmlichen Quadraturverfahren, reichlich umständlich. Die möglichst gleichmäßige Approximation über das Gesamtintervall $[-1; 1]$ und die explizite Aufstellung des Interpolationspolynoms für $f(x)$ wird mit einem beträchtlichen Rechenaufwand bezahlt. Weit im Vordergrund steht die Reihenentwicklung des Integranden. Bei n Stützstellen sind tatsächlich n einzelne Nebenquadraturen durchzuführen, denn die finiten Summen (29) bzw. (420) zur Bestimmung der Koeffizienten $a_0, a_1, \ldots, a_n$ sind gewöhnliche numerische Quadraturen als Ersatz für die Integraldarstellungen der exakten FOURIER-Koeffizienten (22). Eine gewisse Erleichterung besteht nur insofern, als jedesmal der gleiche Stützstellensatz zugrunde liegt und in einem bestimmten Zyklus die gleichen Gewichtskoeffizienten auftreten. Die eigentlich beabsichtigte Integration ist daneben bezüglich des Arbeitsaufwandes ziemlich unbedeutend, denn sie läßt sich zuletzt formelmäßig und gliedweise sehr einfach durchführen.

Für unbestimmte Integration innerhalb eines finiten Intervalls $[a, b]$ sind beide Verfahren wohl kaum zu übertreffen. Die einfache Selbstkontrolle einer automatischen Rechnung durch den Test der letzten Reihenglieder läßt den Rechenaufwand nicht wesentlich über den notwendigen Mindestumfang hinauswachsen. Vor allem gewährleistet diese Methode eine gleich gute Approximation überall im Intervall und liefert noch zusätzlich einen handlichen analytischen Näherungsausdruck für die Stammfunktion, mit dessen Hilfe ohne Interpolation beliebig viele Funktionswerte von $F(x)$ aus $[a, b]$ berechnet oder eine beliebig feine Tabellierung durchgeführt werden.

Führt man eine bestimmte oder unbestimmte Integration mit Hilfe einer NEWTON-COTES-Quadraturformel, z. B. der SIMPSON-Regel, durch, dann zerlegt man das gegebene Intervall $[a, b]$ in eine bestimmte Anzahl gleicher Teilintervalle der Länge h_1 und ermittelt auf diese Weise einen ersten Grobwert Q_1 für das gesuchte bestimmte Integral. Anschließend wird die Schrittweite halbiert, also $h_2 = h_1/2$ genommen, und ein besserer Näherungswert Q_2 ermittelt. Stimmen Q_1 und Q_2 auf eine vorgeschriebene Genauigkeit überein, dann ist man fertig; andernfalls erfolgt eine erneute Halbierung der Schrittweite und die Berechnung von Q_3 mit $h_3 = h_2/2$. In dieser Weise geht man so weit bis zwei, oder besser noch drei, aufeinanderfolgende Näherungen Q_s, Q_{s-1}, Q_{s-2} auf eine vorgegebene Genauigkeit übereinstimmen. Ist die genügend kleine Schrittweite h_s ermittelt, dann kann man auch unbestimmt, d. h. schrittweise, integrieren und die Stammfunktion tabellieren. Bei dieser Methode gehen hierbei ebenfalls keine einmal berechneten Funktionswerte, im Gegensatz etwa zu den GAUSS-LEGENDRE-Quadraturformeln (Näheres vgl. [10.3]) verloren, aber es werden insgesamt relativ viele Funktionswerte benötigt. Außerdem werden die ersten Werte der Stammfunktion am Anfang der Integrationsbasis im allgemeinen viel genauer als gefordert ausfallen, während im weiteren Verlauf die Fehlerfortpflanzung des lokalen Abbruchfehlers ein monotones Abwandern der Näherung von der gesuchten Lösung bewirkt, wie es ja allgemein bei allen schrittweisen Integrationen der Fall ist. Obwohl auch bei dieser eben erläuterten Vorgehensweise analog zum CC- bzw. MCC-Verfahren alle einmal berechneten Funktionswerte in die nächste Näherungsstufe mit eingehen, benötigt man bei gleicher geforderter Genauigkeit bei Verwendung des CC- bzw. MCC-Verfahrens eine wesentlich geringere Gesamtzahl von Funktionswerten.

Beispiel: Man berechne für $N = 5$ sowohl nach dem CC- als auch nach dem MCC-Verfahren die entsprechende T-Entwicklung für

$$F(x) = \int_{-1}^{x} e^u \, du \quad \text{für} \quad -1 \leqq x \leqq 1$$

und vergleiche die erhaltenen Entwicklungskoeffizienten b_n beider Verfahren mit den exakten Koeffizienten

$$B_n = \frac{2}{\pi} \int_{-1}^{1} \frac{e^x T_n(x)}{\sqrt{1 - x^2}} dx = \frac{2}{\pi} \int_{0}^{\pi} e^{\cos t} \cos n t \, dt = 2 \, I_n(1)$$

(= BESSEL-Funktionen erster Gattung und n-ter Ordnung).

Die Ergebnisse sind in Tab. 2 im Anhang zusammengestellt, wobei in der ersten Zeile $A_0/2$ bzw. $b_0/2$ steht.
Weitere numerische Vergleiche zwischen dem CC- und dem MCC-Verfahren finden sich in 4.4 und insbesondere in 6.1.

Bemerkung

Sowohl mit Hilfe des CC- als auch mit Hilfe des MCC-Verfahrens lassen sich u. a. die drei verschiedenen folgenden Quadraturaufgaben lösen:

1. Berechnung des bestimmten Integralwertes

$$I = \int_{a}^{b} f(x) \, dx.$$

2. Beliebig feine Tabellierung der Stammfunktion

$$F(x) = \int_{a}^{x} f(t) \, dt.$$

3. Berechnung der oberen Grenze b zur obigen Quadraturaufgabe 1. bei vorgegebenem Integralwert I.

Über weitere Anwendungen des CC- bzw. MCC-Verfahrens s. 5.
Zur Lösung dieser drei genannten Aufgaben mit Hilfe des MCC-Verfahrens wurde ein FORTRAN-Programm entwickelt und an der Datenverarbeitungsanlage CD 6400 des Rechenzentrums der Technischen Hochschule Aachen an vielen Beispielen erprobt (Näheres vgl. [10.10]).

4.6 Asymptotische Verwandtschaft mit den GAUSS-LEGENDRE-Quadraturformeln

Wir haben bereits in 3.3 bzw. 4.3 nachgewiesen, daß alle Gewichtskoeffizienten γ_r des CC- und des MCC-Verfahrens positiv sind. Daher haben beide Verfahren eine günstige »Varianz« (vgl. [10.3]) als Maß für die Anfälligkeit eines Quadraturverfahrens bezüglich der Rundefehler-Akkumulation.
Wird der Halbkreis über der Integrationsbasis $[-1; 1]$ in $N - 1$ bzw. $N + 1$ gleiche Bogenstrecken geteilt und von deren Endpunkten das Lot auf die Integrationsbasis gefällt, so erhält man in den Lotfußpunkten genau die Stützstellen x_r des CC-Verfahrens (hier müssen die Randpunkte -1 und $+1$ dazugenommen werden), bzw. des MCC-Verfahrens. Das folgt für das CC- bzw. MCC-Verfahren unmittelbar aus der Relation

$$x_r = \cos \frac{r\pi}{N}, \quad \text{bzw.} \quad x_r = \cos \frac{r\pi}{N + 1}.$$

Die mit $\frac{\pi}{N}$ bzw. $\frac{\pi}{N+1}$ multiplizierte Länge der Lote ergibt *asymptotisch* die zugehörigen Gewichtskoeffizienten des CC- bzw. des MCC-Verfahrens. Dies folgt aus der Relation (325) bzw. (424).

Analoge Eigenschaften haben DAVIS, RABINOWITZ und SZEGÖ (vgl. [7; 21]) für die GAUSS-JAKOBI-Quadraturformeln gefunden. Die Nullstellen der JAKOBI-Polynome lassen sich für $n \to \infty$ durch

$$x_r \cong \cos t_r \quad \text{für} \quad r = 1, 2, \ldots, n$$

annähern, wobei die t_r äquidistant über $(0, \pi)$ verteilt sind. Das Zeichen $\cong$ bedeutet »asymptotisch gleich« in dem Sinne, daß für $n \to \infty$ der Quotient aus beiden Seiten gegen 1 strebt.

Das MCC-Verfahren zeigt asymptotisch sowohl in bezug auf die Stützstellenverteilung als auch in bezug auf die zugehörigen Gewichtskoeffizienten eine enge Verwandtschaft mit den GAUSS-LEGENDRE-Quadraturformeln. Für die Stützstellen haben wir, wenn $P_n(x)$ das n-te LEGENDRE-Polynom und $U_n(x)$ das T-Polynom zweiter Art bedeutet, die Relationen

$$x_r \cong \cos \frac{r - \frac{1}{4}}{n + \frac{1}{2}} \pi \quad \text{mit} \quad P_n(x_r) = 0$$

(man achte auf das Zeichen $\cong$; s. [21])

und

$$x_r = \cos \frac{r}{n+1} \pi \quad \text{mit} \quad U_n(x_r) = 0 \quad \text{für} \quad r = 1, 2, \ldots, n.$$

Daraus folgt die Relation

$$\frac{r - \frac{1}{4}}{n + \frac{1}{2}} = \frac{r}{n+1} + \varepsilon_{nr} \quad \text{mit} \quad |\varepsilon_{nr}| < \frac{1}{4n+2},$$

d. h. für große n fallen die Stützstellen beider Verfahren fast aufeinander. Hinsichtlich des asymptotischen Verhaltens der Gewichtskoeffizienten besteht volle Übereinstimmung, denn es gilt die asymptotische Relation

$$\gamma_r \cong \frac{\pi}{n^*} \sqrt{1 - x_r^2} \quad \text{mit} \quad n^* = \begin{cases} n \text{ bei GAUSS-LEGENDRE (s. [21])} \\ n + 1 \text{ bei MCC.} \end{cases}$$

Für das CC-Verfahren besteht eine entsprechende Analogie nur für die Stützstellen mit den entsprechenden GAUSS-LOBATTO-Quadraturformeln, bei denen auch die Randpunkte -1 und $+1$ zu den Stützstellen zählen. Die übrigen Stützstellen der LOBATTO-Formeln erhält man aus den Nullstellen von $P'_{n-1}(x)$. Es gelten hier die Relationen

$$x_r \cong \cos \frac{r + \frac{1}{4}}{n - \frac{1}{2}} \pi \quad \text{mit} \quad P'_{n-1}(x_r) = 0 \qquad \text{(vgl. [7])}$$

und

$$x_r = \cos \frac{r}{n-1}\pi \quad \text{mit} \quad T'_{n-1}(x_r) = 0 \quad \text{für} \quad x_0 = -1,\ x_n = +1$$

und

$$r = 1, 2, \ldots, n-1.$$

Daraus folgt die Relation

$$\frac{r + \frac{1}{4}}{n - \frac{1}{2}} = \frac{r}{n-r} + \varepsilon^*_{nr} \quad \text{mit} \quad |\varepsilon^*_{nr}| < \frac{1}{4n-2}.$$

Anders verhält es sich jedoch mit den Gewichtskoeffizienten. Hier gilt für die LOBATTO-Formeln die asymptotische Relation

$$\gamma_r \cong \frac{\pi}{n}(1 - x_r^2)\sqrt{1 - x_r^2},$$

während für das CC-Verfahren dafür die gleiche asymptotische Relation wie für das MCC-Verfahren gilt.

Noch eine weitere asymptotische Beziehung zwischen den Gewichtskoeffizienten γ_r und den Stützstellen x_r läßt sich ableiten, welche einen bemerkenswerten Zusammenhang zur Sehnen- und Tangententrapezregel herstellt. Es gelten nämlich die asymptotischen Relationen

$$\gamma_r \cong \frac{1}{2}(x_{r-1} - x_{r+1})$$

und

$$\frac{1}{2}(\gamma_r + \gamma_{r+1}) \cong (x_r - x_{r+1}).$$

Für das MCC-Verfahren gilt nämlich

$$\frac{1}{2}(x_{r-1} - x_{r+1}) = \frac{1}{2}\left[\cos\frac{r-1}{n+1}\pi - \cos\frac{r+1}{n+1}\pi\right]$$

$$= \sin\frac{\pi}{n+1}\sin\frac{r\pi}{n+1} \cong \frac{\pi}{n+1}\sin\frac{r\pi}{n+1}$$

$$= \frac{\pi}{n+1}\sqrt{1 - x_r^2} \cong \gamma_r.$$

Damit haben wir die erste Relation bewiesen. Der Beweis für die zweite Relation ergibt sich für das MCC-Verfahren aus

$$\frac{1}{2}(\gamma_r + \gamma_{r+1}) = \frac{\pi}{2(n+1)}\left[\sin\frac{r\pi}{n+1} + \sin\frac{r+1}{n+1}\pi\right]$$

$$= \frac{\pi}{n+1}\sin\frac{2r+1}{2(n+1)}\pi\cos\frac{\pi}{n+1} \cong \frac{\pi}{n+1}\sin\frac{2r+1}{2(n+1)}\pi$$

und aus

$$x_r - x_{r+1} = \cos\frac{r\pi}{n+1} - \cos\frac{r+1}{n+1}\pi = 2\sin\frac{2r+1}{2(n+1)}\pi\sin\frac{\pi}{2(n+1)}$$

$$\cong \frac{\pi}{n+1}\sin\frac{2r+1}{2(n+1)}\cdot\pi,\ \text{q.e.d.}$$

Zur Beweisführung für das CC-Verfahren hat man nur $n+1$ durch n zu ersetzen. Die gleichen asymptotischen Beziehungen haben DAVIS und RABINOWITZ (s. [7]) für die GAUSS-LEGENDRE- und für die LOBATTO-Quadraturformeln bewiesen. Offenbar stellen Quadraturformeln von diesem Typ eine finite RIEMANNsche Summe für das bestimmte Integral dar. Da auch der größte Abstand $x_{r-1} - x_{r+1} \to 0$ geht für $n \to \infty$, strebt die Summe gegen das bestimmte Integral, sofern dieses im »RIEMANNschen Sinne« existiert, was wir selbstredend als triviale Voraussetzung für die Anwendung einer Quadraturformel verlangen. Damit haben wir noch zusätzlich zu dem Quadraturkonvergenzbeweis in 3.2 bzw. 4.2 einen weiteren einfachen Konvergenzbeweis für das CC- und das MCC-Verfahren gewonnen.

Bemerkung

Mit Hilfe der Substitution $x = \cos t$ erhält man die Relation

$$\int_{-1}^{1} f(x)\,dx = \int_{0}^{\pi} f(\cos t)\sin t\,dt.$$

Wendet man auf das zweite Integral die Sehnentrapezregel an, dann erscheinen die Funktionswerte $f_r = f(\cos t_r)$ mit den Gewichten

$$\gamma_r = \frac{\pi}{n}\sin\frac{r\pi}{n} \quad \text{für} \quad r = 1, 2, \ldots, n$$

multipliziert. IMHOF (vgl. [14]) hat gezeigt, daß das CC-Verfahren für das Integral

$$\int_{-1}^{1} f(x)\,dx$$

asymptotisch gleich der Trapezregel für das Integral

$$\int_{0}^{\pi} f(\cos t)\sin t\,dt$$

ist, da ja für die Gewichtskoeffizienten γ_r des CC-Verfahrens die asymptotische Relation (325) gilt. Auf Grund dieser asymptotischen Eigenschaft äußert IMHOF die Vermutung, daß der Mehraufwand an Rechenarbeit und damit an Rechenzeit bei der numerischen Quadratur nach dem CC-Verfahren gegenüber einer direkten Anwendung der Trapezregel nicht gerechtfertigt sei. Zunächst ist dazu festzustellen, daß man prinzipiell aus gleichen asymptotischen Relationen niemals Rückschlüsse für die praktische Anwendung ziehen darf. Außerdem könnte man dann auch mit dem gleichen Argument den praktischen Wert der GAUSS-LEGENDRE-Quadraturformel, für welche man ja auch die Trapezregelanalogie nachweisen kann, in Frage stellen.

Durch die Substitution $x = \cos t$ wird der Integrand $f(x)$ eine periodische Funktion. Für periodische Funktionen ist aber bekanntlich die Trapezregel im Sinne der GAUSS-Typ-Quadraturformeln sowieso die beste. Entscheidend ist jedoch die Tatsache, daß bei

holomorphen $f(x)$ die Koeffizienten der gewöhnlichen FOURIER-Entwicklung der ebenfalls holomorphen und außerdem periodischen Funktion $f(\cos t)$ schneller als jede Potenz von $\frac{1}{n}$ gegen Null gehen (vgl. 2.). Das gleiche Verhalten gilt auch für die Koeffizienten einer T-Entwicklung. Beim CC-Verfahren ist der Quadraturfehler (vgl. 3.3) von der Größenordnung der ersten vernachlässigten Koeffizienten, so daß hier bei regulär-analytischen Funktionen superlineare Konvergenz, während aber bei der Anwendung der Trapezregel auf die nichtperiodische Funktion $f(x)$ nur eine einfache lineare Konvergenz vorliegt.
An einem einfachen Beispiel wollen wir die IMHOFsche Vermutung auch numerisch klar widerlegen:
Das CC-Verfahren bzw. die Trapezregel liefert für den bestimmten Integralwert

$$I = \int_{-1}^{1} e^x dx$$

mit 5 Stützstellen einen Näherungswert mit einem absoluten Fehler

$$|R_5| = 2{,}7 \cdot 10^{-5} \quad \text{bzw.} \quad |R_5| = 4{,}8 \cdot 10^{-2}.$$

Ja selbst bei 11 Stützstellen ist der Fehler bei Verwendung der Trapezregel gleich

$$|R_{11}| = 7{,}8 \cdot 10^{-3}.$$

Um mit Hilfe der Trapezregel unter Berücksichtigung ihres Restgliedes

$$R = \frac{b-a}{12} f''(\xi)\, h^2 \quad \text{mit} \quad -1 < \xi < 1$$

eine Fehlerschranke, wie sie das CC-Verfahren mit nur 5 Stützstellen liefert, zu bekommen, benötigt man für das obige Integral mindestens 100 und höchstens 250 Funktionswerte. Dieses einfache Beispiel besagt alles. Man vergleiche hierzu auch die Arbeit von SMITH (s. [19]).

5. Weitere Anwendungen

5.1 FOURIER-TSCHEBYSCHEFF-Approximation der Ableitung einer Funktion

Zur Differentiation von analytischen Funktionen gibt es heute bereits eine Reihe von nicht-numerischen Programmen, welche zu jeder vorgegebenen analytischen Funktion vollautomatisch beliebig hohe Ableitungen liefern. Formeln zur numerischen Differentiation werden vorwiegend zur Differentiation von Meßwert-Funktionen und zur angenäherten Lösung von Rand- und Eigenwertproblemen bei gewöhnlichen und partiellen Differentialgleichungen verwendet (vgl. z. B. [10.2; 10.5]).
Die angenäherte TSCHEBYSCHEFF-Approximation etwa der ersten Ableitung einer gegebenen Funktion ist bisher kaum behandelt worden. Dazu bieten sich gleich mehrere Möglichkeiten an. Erstens kann man einen analytischen Näherungsausdruck für die gesuchte Ableitung einer gegebenen Funktion einfach durch Differentiation der an-

genäherten TSCHEBYSCHEFF-Entwicklung der gegebenen Funktion erhalten. Zweitens kann man einen analytischen Näherungsausdruck für die gesuchte Ableitung der gegebenen Funktion über die FOURIER-TSCHEBYSCHEFF-Approximation der Stammfunktion sowohl durch Umkehrung der Rekursionsformeln des CC-Verfahrens als auch durch Umkehrung der Rekursionsformeln des MCC-Verfahrens bekommen. Wir wollen hier nur den zweiten Weg kurz behandeln:

1. Differentation mit Hilfe des CC-Verfahrens

Die in analytischer Form vorgegebene Funktion $F(x)$ sei in $[-1; 1]$ stetig und von beschränkter Variation; sie kann dann stets durch eine unendliche Reihe von T-Polynomen in der Form

$$F(x) = \sum_{k=0}^{\infty}{}' \, b_k T_k(x) \tag{531}$$

entwickelt werden. Durch Differentiation erhält man daraus, falls

$$\sum_{k=0}^{\infty} b_k T_k'$$

gleichmäßig konvergiert,

$$F'(x) = f(x) = \sum_{k=0}^{\infty}{}' \, a_k T_k(x). \tag{532}$$

Die zur FOURIER-TSCHEBYSCHEFF-Approximation von $F'(x)$ nach dem CC-Verfahren erforderlichen Koeffizienten a_k in (532) erhält man durch Umkehrung der bei der numerischen Quadratur nach dem CC-Verfahren (vgl. 3.1) auftretenden Rekursionsformel

$$b_n = \frac{a_{n-1} - a_{n+1}}{2\,n} \quad \text{für} \quad n \geqq 1. \tag{533}$$

Sei nun b_n der bei einer bestimmten geforderten Genauigkeit für die FOURIER-TSCHEBYSCHEFF-Approximation von $F(x)$ nach dem CC-Verfahren nicht vernachlässigbare höchste Koeffizient, so erhält man durch Auflösung von (533) nach a_{n-1} die für die FOURIER-TSCHEBYSCHEFF-Approximation von $F'(x)$ zentrale Rekursionsformel

$$a_{n-1} = a_{n+1} + 2\,n b_n, \tag{534}$$

welche mit den Startwerten $a_n = a_{n+1} = a_{n+2} = \cdots = 0$ nacheinander die gesuchten Koeffizienten $a_{n-1}, a_{n-2}, \ldots, \frac{a_0}{2}$ liefert.

Im Gegensatz zur Quadratur ist nun der Faktor $2\,n$ in (534) multiplikativ, so daß bei der Differentiation nach dem CC-Verfahren die Koeffizienten a_n mit wachsenden n im allgemeinen stark anwachsen. Deshalb empfiehlt es sich bei der numerischen Differentiation, die höheren Koeffizienten a_n von vornherein gleich mit zusätzlichen Dezimalstellen zu berechnen.

Beispiel: Man ermittle nach dem CC-Verfahren in $[-1; 1]$ einen analytischen Näherungsausdruck für die erste Ableitung der Funktion $F(x) = e^x$ mit $N = 5$ Stützstellen. Unter Verwendung der bei der entsprechenden Quadraturaufgabe berechneten Koeffizienten b_n (vgl. Tab. 2 im Anhang) erhält man mit Hilfe von (534) und den Startwerten $a_5 = a_6 = \cdots = 0$ die Koeffizienten

$a_4 = 0{,}0054740$; $a_3 = 0{,}0448800$; $a_2 = 0{,}2715404$; $a_1 = 1{,}1303216$ und $a_0/2 = 1{,}2660661$.
Mit

$$F'(x) = f(x) = \sum_{k=0}^{4}{}' \, a_k T_k(x) + R_4$$

erhält man z. B.

$F'(1) = 2{,}7182821$ und $F'(-1) = 0{,}3678789$,
das ist immerhin bereits eine 6ziffrige Genauigkeit.

2. Differentiation mit Hilfe des MCC-Verfahrens

Ganz analog zur Vorgehensweise bei der Differentiation nach dem CC-Verfahren erhält man bei der Differentiation nach dem MCC-Verfahren unter Berücksichtigung der Relationen

$$F'(x) = f(x) = \frac{a_0}{2} T_1'(x) + \frac{a_1}{2} T_2'(x) + \frac{a_2}{3} T_3'(x) + \cdots \tag{535}$$

und

$$F(x) = \sum_{k=0}^{\infty}{}' \, b_k T_k(x) \tag{536}$$

mit der nach 4.1 leicht zu bestimmenden Integrationskonstanten $b_0/2$ die zentrale Rekursionsformel

$$a_{n-1} = n b_n \quad \text{für} \quad n \geqq 2$$

$$\frac{a_0}{2} = b_1. \tag{537}$$

Beispiel: Berechne sowohl nach dem CC-Verfahren als auch nach dem MCC-Verfahren den Wert der ersten Ableitung von $F(x) = \text{arc tg}\,(1 + x)$ mit $N = 9$ an den Stellen -1, 0 und 1. Man erhält nach dem CC-Verfahren bzw. nach dem MCC-Verfahren unter Verwendung der Koeffizienten aus Tab. 3 im Anhang die folgenden Resultate:

$F'_{CC}(-1) = 1{,}0119901$; $F'_{CC}(0) = 0{,}5007009$; $F'_{CC}(1) = 0{,}1880189$;
$F'_{MCC}(-1) = 1{,}0001886$; $F'_{MCC}(0) = 0{,}4999998$; $F'_{MCC}(1) = 0{,}2002662$.
Die exakten Werte sind $F'(-1) = 1$; $F'(0) = 0{,}5$ und $F'(1) = 0{,}2$.

Weitere Untersuchungen zur FOURIER-TSCHEBYSCHEFF-Approximation von Ableitungen werden in einer späteren Arbeit durchgeführt.

5.2 Approximation einer Funktion nach dem MCC-Verfahren

Mit Hilfe des MCC-Verfahrens kann man auch eine gegebene Funktion $f(x)$ durch eine FOURIER-TSCHEBYSCHEFF-Approximation mit einer vorgegebenen Genauigkeit approximieren, indem man die gegebene Funktion $f(x)$ vorher analytisch differenziert, was z. B. bei »Lybrary Functions« im allgemeinen kaum eine Mühe macht. Man kann auf diese Weise nicht nur die glättende Wirkung der Integration, sondern auch die höhere Approximationsordnung des MCC-Verfahrens ausnützen.

Beispiel: Man approximiere nach dem MCC-Verfahren die Funktion $f(x) = \sin x$, indem man das MCC-Verfahren auf $f'(x) = \cos x$ anwendet, und vergleiche bei einer Tabellierung die Rechenzeit und die Anzahl der Funktionsaufrufe der »Library Function« SIN (X) einer elektronischen Rechenanlage. Tab. 4 im Anhang gibt die Ergebnisse verglichen mit der Funktion SIN (X) der Programmbibliothek der Rechenanlage CD 6400 des Rechenzentrums der Technischen Hochschule Aachen wieder.

Ja selbst die Tabellierung einer komplizierten, jedoch exakt gegebenen Stammfunktion kann bei einer größeren Anzahl zu berechnender Funktionswerte unter Umständen wesentlich schneller über eine MCC-Approximation als über die direkte Berechnung der exakten Stammfunktion realisiert werden.

Bei der Tabellierung z. B. der relativ einfachen Stammfunktionen

$$\int \frac{dx}{1 + x^3} = \frac{1}{3} \log \frac{x + 1}{\sqrt{x^2 - x + 1}} + \frac{1}{3} \operatorname{arc\,tg} \frac{2x - 1}{\sqrt{3}}$$

und

$$\int \frac{x\,dx}{2 + x^3} = \frac{1}{\sqrt[3]{2}\sqrt{3}} \operatorname{arc\,tg} \frac{x\sqrt{3}}{2\sqrt[3]{2} - x}$$

liegt dann bereits gleiche Rechenzeit sowohl bezüglich der direkten Berechnung der exakten Stammfunktionen als auch bezüglich einer entsprechend genauen MCC-Approximation vor, wenn man etwa 250 verschiedene Werte der Stammfunktion braucht.

6. Anwendungen und Ergebnisse

6.1 Vergleich des CC-Verfahrens mit dem MCC-Verfahren

In 4.4 wurde gezeigt, daß das MCC-Verfahren für $f \in \mathrm{Lip}\,\alpha$ mit $0 < \alpha \leqq 1$ in seiner Approximationsordnung für $n < 400$ um den Faktor $\frac{1}{n}$ besser als das CC-Verfahren ist.

Um zu einer von der Programmiertechnik unabhängigen Aussage zu gelangen, werden als Vergleichskriterien bei gleicher geforderter Genauigkeit die Anzahl der jeweils zu berechnenden Funktionswerte und die jeweilige Rechenzeit verwendet.

Aus den zahlreichen durchgerechneten Beispielen deren exakte Lösung bekannt war, geben wir hier nur die Fehlerkurvendiagramme 2–6 (vgl. Anhang), welche für verschiedene Polynomgrade den Verlauf der Fehlerkurve über dem zugrunde gelegten Integrationsintervall darstellen, der folgenden fünf Beispiele wieder:

1) $\int_{-1}^{1} e^x\,dx$ mit dem Polynomgrad 5;

2) $\int_{-1}^{1} \frac{dx}{1 + (1 + x)^2}$ mit dem Polynomgrad 9;

3) $\int_0^{\pi} x \cos x\,dx$ mit dem Polynomgrad 9;

4) $\int_{-1}^{1} \frac{dx}{x+3}$ mit dem Polynomgrad 8 und

5) $\int_0^{10} \sinh x\,dx$ mit dem Polynomgrad 8.

Zu Beispiel 1) und 2) vgl. auch [10]; bei Beispiel 2) in [10] liegt im Koeffizienten b_7 ein Fehler vor. Beispiel 4) wurde mit einer indirekten falschen Schlußfolgerung auch in [22] behandelt. Das zugehörige Fehlerkurvendiagramm 5 zeigt jedoch klar, daß der Maximalfehler des MCC-Verfahrens schon bei dem relativ niedrigen Polynomgrad 8 kleiner als der des CC-Verfahrens ist.
Nicht nur die Fehlerkurvendiagramme der hier behandelten Beispiele, sondern auch die Fehlerkurven zahlreicher anderer berechneter Beispiele, zeigten eindeutig, daß die Maximalfehler des MCC-Verfahrens stets kleiner als diejenigen des CC-Verfahrens waren. Tab. 5 (vgl. Anhang) enthält das Verhältnis der Maximalfehler R_{CC}/R_{MCC} zu einigen Beispielen. Dabei ist natürlich der verwendete Polynomgrad einerseits für praktische Rechnungen und andererseits auch zum Nachweis der Vorteile des MCC-Verfahrens gegenüber dem CC-Verfahren zu gering. Einen zur theoretischen Untersuchung eindeutigen numerischen Nachweis der besseren Approximationseigenschaften des MCC-Verfahrens haben wir bereits in 4.4 gebracht.
Bei den praktischen Untersuchungen zum CC- und MCC-Verfahren mit Hilfe der Datenverarbeitungsanlage CD 6400 des Rechenzentrums der Technischen Hochschule Aachen haben wir zum Vergleich der beiden Verfahren jeweils die Anzahl der Funktionsaufrufe und die Rechenzeit bei einer vorgegebenen Genauigkeit verwendet. Eine Gegenüberstellung der Rechenzeiten erscheint jedoch nur dann sinnvoll, wenn man für beide Verfahren denselben Polynomgrad zugrunde legt. Das Diagramm 7 (s. Anhang) zeigt, daß das CC-Verfahren bis zu einem Polynomgrad von etwa 55 bezüglich der Rechenzeit ein wenig günstiger als das MCC-Verfahren ist. Von einem Polynomgrad von etwa 70 an ist jedoch das MCC-Verfahren schneller. Insgesamt gesehen sind jedoch die Unterschiede bezüglich Übersetzungs- und Rechenzeit beider Verfahren gering. Bei sehr hohen Genauigkeitsforderungen wird man stets das MCC-Verfahren verwenden.
Tab. 6 im Anhang enthält die für bestimmte vorgegebene Genauigkeitsforderungen erforderliche Anzahl von Funktionsaufrufen beider Verfahren für die folgenden zehn Beispiele:

1) $\int_0^{\pi} x \sin x\,dx$;

2) $\int_0^{9} \frac{dx}{1+x}$;

3) $\int_{-1}^{1} \frac{dx}{x^4+x^2+0{,}9}$;

4) $\int_0^{1} \frac{\ln(1+x)}{1+x^2}\,dx$;

5) $\int_{2}^{3} \frac{dx}{\sqrt{(2x^2+1)(x^2-2)}}$;

6) $\int_{0}^{1} e^{x^2} \sin(e^{x^2})\, dx$;

7) $\int_{-6,4}^{6,4} \cosh x\, dx$;

8) $\int_{0}^{1} \frac{dx}{1+x^3}$;

9) $\int_{0}^{1} \frac{x\, dx}{2+x^3}$;

10) $\int_{0}^{10} \frac{dx}{e^x+1}$.

Diagramm 7 (vgl. Anhang) gibt die Durchschnittsrechenzeiten des CC- und MCC-Verfahrens bei der Integration von zwölf verschiedenen Integranden in Abhängigkeit vom jeweils verwendeten Polynomgrad wieder.

Diagramm 8 stellt eine graphische Darstellung der in Tab. 6 angegebenen durchschnittlichen Anzahl von Funktionsaufrufen bei verschiedenen Genauigkeitsforderungen für die zehn oben angegebenen Beispiele dar.

Zusammenfassend zeigen also die praktischen Untersuchungen, durchgeführt an zahlreichen Beispielen, daß das MCC-Verfahren sowohl bezüglich der Rechenzeit als auch bezüglich der bei einer bestimmten geforderten Genauigkeit erforderlichen Anzahl von Funktionsaufrufen, besonders bei höheren Genauigkeitsforderungen, dem CC-Verfahren überlegen ist.

6.2 Vergleich mit anderen Quadraturverfahren

In dieser Arbeit wird das CC- und das MCC-Verfahren verglichen mit dem Gauss-Legendre-Quadraturverfahren mit bzw. ohne automatische Schrittweitensteuerung mit doppelter bzw. einfacher Arithmetik, mit dem Richardson-Romberg-Verfahren mit einfacher Arithmetik und mit dem Richardson-Bulirsch-Stoer-Verfahren mit doppelter Arithmetik. Hierzu wurden für die Rechenanlage CD 6400 je ein Fortran-Programm erstellt.

Als Vergleichskriterien für so grundverschiedene Verfahren wurden wiederum die Genauigkeit, die Rechenzeit und die Anzahl der Funktionsaufrufe verwendet. Diese Kriterien wurden an zahlreichen Beispielen zur bestimmten Integration und zur Tabellierung der Stammfunktion für verschiedene große Anzahlen von Tabellenwerten angewandt.

Zuerst wurde die Anzahl der Funktionsaufrufe in Abhängigkeit von der geforderten Genauigkeit bei zehn bestimmten Integrationen – es sind dieselben Beispiele wie in Tab. 6, vgl. 6.1 – für die einzelnen oben genannten Verfahren ermittelt. Die Ergebnisse sind in Tab. 7 und Tab. 8 (s. Anhang) zusammengestellt. Die entsprechenden Resultate für das CC- und das MCC-Verfahren sind in Tab. 6 angegeben.

Im Diagramm 9 (vgl. Anhang) wird eine übersichtliche Darstellung über alle getesteten Quadraturverfahren bezüglich der Anzahl der Funktionsaufrufe wiedergegeben, wobei

jeweils die durchschnittliche Anzahl der Funktionsaufrufe aus den Tab. 6–8 über der geforderten Genauigkeit aufgetragen wurde.
In den Tab. 9 und 10 und in den Diagrammen 10–12 (s. Anhang) sind für die dort jeweils genannten Beispiele die jeweiligen Rechenzeiten in Abhängigkeit von der jeweils geforderten Genauigkeit bei der Tabellierung der Stammfunktion (vgl. die dort gemachten Angaben) angegeben. Dabei ist zu berücksichtigen, ob das Verfahren mit oder ohne Fehlerkontrolle und mit doppelter oder einfacher Arithmetik programmiert ist (s. dort).
Die Tabellen und die Diagramme zeigen sehr deutlich, daß das CC- und das MCC-Verfahren bei Tabellierungen den anderen hier zum Vergleich herangezogenen Quadraturverfahren bezüglich der Rechenzeit weit überlegen sind, und das um so mehr, je größer die Anzahl der verlangten Tabellenwerte ist. Die Unterschiede in den Rechenzeiten zwischen dem CC- und dem MCC-Verfahren sind dagegen im allgemeinen minimal. Bei hohen Genauigkeitsforderungen wird man allerdings stets das MCC-Verfahren verwenden (vgl. 4.4).
Bei einer bestimmten Integration sind die klassischen Quadraturverfahren selbstredend schneller als das CC- bzw. das MCC-Verfahren. Man vergleiche hierzu die Tab. 11. Das weist keineswegs auf einen besonderen Vorzug der klassischen Verfahren hin, wenn man berücksichtigt, daß zur Ermittlung eines einzigen bestimmten Integralwertes nach dem CC- bzw. dem MCC-Verfahren bei n Stützstellen n einzelne Nebenquadraturen zur Ermittlung der Entwicklungskoeffizienten $a_0, a_1, \ldots, a_n$ erforderlich sind (Näheres s. 4.5).

6.3 Die F-Verteilung in der Statistik

Das zur Fourier-Tschebyscheff-Approximation einer Stammfunktion im Rahmen dieses Forschungsvorhabens entwickelte Fortran-Programm löst auch die neue, nur auf diesem Wege sinnvoll zu bearbeitende Aufgabe, bei gegebenem Integralwert und gegebener unterer oder oberer Integrationsgrenze die obere oder untere Integrationsgrenze mit einer vorgegebenen Genauigkeit zu berechnen.
Als aktuelles Anwendungsgebiet hierfür wollen wir die sogenannte Fisher-Verteilung (= F-Verteilung) in der Statistik behandeln:
Gegeben seien zwei stochastisch unabhängige Größen χ_1^2 und χ_2^2, welche beide der bekannten χ^2-Verteilung

$$\varphi(\chi^2) = \frac{\left(\frac{1}{2}\right)^{n/2}}{\left(\frac{n}{2}\right)} (\chi^2)^{\frac{n-2}{2}} \cdot e^{-\frac{\chi^2}{2}}$$

gehorchen sollen. Der Freiheitsgrad von χ_1^2 sei n_1 und von χ_2^2 n_2. Fragt man nach der Verteilung der Größe

$$F = \frac{\chi_1^2}{\chi_2^2} \frac{n_2}{n_1},$$

so hängt diese offenbar von den beiden Parametern n_1 und n_2 ab.
Die Wahrscheinlichkeit dafür, daß χ_i^2 mit $i = 1, 2$ im Intervall

$$[\chi_i^2, (\chi_i + d\chi_i)^2]$$

liegt, ist durch

$$d\Phi(\chi_i^2) = \frac{1}{\Gamma\left(\frac{n_i}{2}\right)} e^{-\frac{1}{2}\chi_i^2} \left(\frac{\chi_i^2}{2}\right)^{\frac{n_i-2}{2}} d\left(\frac{\chi_i^2}{2}\right)$$

gegeben.

Das Produkt $d\Phi(\chi_1^2) \cdot d\Phi(\chi_2^2)$ gibt dann die Wahrscheinlichkeit dafür an, daß gleichzeitig χ_1^2 im Intervall

$$[\chi_1^2, (\chi_1 + d\chi_1)^2] \quad \text{und} \quad \chi_2^2$$

im Intervall

$$[\chi_2^2, (\chi_2 + d\chi_2)^2]$$

liegen. Die Wahrscheinlichkeit $d\Phi(F)$ dafür, daß irgend ein Wertepaar χ_1^2, χ_2^2 die Ungleichung

$$F_0 \leqq \frac{\chi_1^2}{\chi_2^2} \frac{n_2}{n_1} \leqq F_0 + dF$$

erfüllt, erhält man durch Integration von $d\Phi(\chi_1^2) \cdot d\Phi(\chi_2^2)$ über den durch die obige Ungleichung gegebenen Bereich B

$$d\Phi(F) = \iint_B d\Phi(\chi_1^2)\, d\Phi(\chi_2^2).$$

Mit Hilfe einiger Substitutionen (Näheres s. [16]) erhält man die Verteilungsfunktion $\varphi(F)$

$$\varphi(F) = \frac{d\Phi(F)}{dF} = \frac{\Gamma\left(\frac{n_1+n_2}{2}\right) n_1^{\frac{n_1}{2}} n_2^{\frac{n_2}{2}} F^{\frac{n_1-2}{2}}}{\Gamma\left(\frac{n_1}{2}\right)\Gamma\left(\frac{n_2}{2}\right)(n_2 + n_1 F)^{\frac{n_1+n_2}{2}}}.$$

Als Sicherheitsbereich für die Sicherheit γ bezeichnet man das Intervall $[0; F_0]$, in dem F mit der Wahrscheinlichkeit γ

$$\gamma = \int_0^{F_0} \varphi(F)\, dF$$

zu erwarten ist. Diese Gleichung definiert bei gegebenem γ die Intervallgrenze F_0 als Funktion von n_1 und n_2, nämlich $F_0 = F_0(n_1, n_2, \gamma)$. Mit Hilfe der FOURIER-TSCHEBYSCHEFF-Approximation der Stammfunktion läßt sich diese Aufgabe im Gegensatz zu den für die F-Verteilung bisher veröffentlichten Tabellen mit beliebiger Genauigkeit lösen.

Das hierzu umfangreiche und genaueste Tabellenwerk von OWEN wurde mit Hilfe des oben erwähnten allgemeinen FORTRAN-Programms zur FOURIER-TSCHEBYSCHEFF-Approximation der Stammfunktion für tausend Werte der F-Verteilung für die γ-Werte $\gamma = 0{,}5$; 0,75; 0,9; 0,95; 0,975; 0,99 und 0,995 und verschiedene n_1- und n_2-Werte nachgerechnet und überprüft. Dabei zeigte sich, daß die OWEN-Tabelle der F-Verteilung im allgemeinen bis auf wenige Rundungsfehler innerhalb der angegebenen

Stellenzahl stimmt. Allerdings sind die Werte für $n_1 = 11, 13, 14, 18$ u. a. m. stark korrekturbedürftig, da sie durch lineare Interpolation ermittelt wurden und – wie OWEN selbst bemerkt – manchmal nur zwei richtige Dezimalstellen aufweisen.

Wir haben zusätzlich noch einige Werte der F-Verteilung für $n_1 = 16$ und 17 berechnet; Werte also, welche in der OWEN-Tabelle nicht vorhanden sind. Mit Hilfe der FOURIER-TSCHEBYSCHEFF-Approximation der Stammfunktion läßt sich jedoch die OWEN-Tabelle der F-Verteilung für beliebige zulässige Parameter-Werte und mit beliebiger geforderter Genauigkeit in einfachster und rationeller Weise erweitern.

Tab. 12 (vgl. Anhang) enthält die nach dem MCC-Verfahren auf vier Dezimalen exakt berechneten Werte der F-Verteilung. Bei der Überprüfung der nach dem MCC-Verfahren gewonnenen Ergebnisse mit Hilfe des RICHARDSON-BULIRSCH-STOER-Quadraturverfahrens zeigte sich ein weiterer Mangel der OWENschen F-Verteilungstabelle. Es stellte sich heraus, daß es unbedingt erforderlich ist, die Tabellenwerte mit einigen zur OWEN-TABELLE zusätzlichen Dezimalen zu berechnen. Dazu benötigt man nun keine Interpolationen und andere langwierige Rechnungen mehr, sondern verwendet einfach das oben genannte FORTRAN-Programm für das MCC-Verfahren.

Bei der Berechnung der Werte in Tab. 12 erwies sich das MCC-Verfahren bei gleicher geforderter Genauigkeit bezüglich der Gesamtrechenzeit schneller als das CC-Verfahren. Im Durchschnitt wurden inklusive Übersetzungszeit für 252 Tabellenwerte auf der CD 6400 64 Sekunden Rechenzeit benötigt. Dieser relativ hohe Rechenzeitaufwand hängt mit der Tatsache zusammen, daß für 252 Tabellenwerte 36 verschiedene FOURIER-TSCHEBYSCHEFF-Approximationen mit Polynomgraden, welche z. T. größer als $N = 64$ waren, berechnet und zu jeder Approximation für sieben verschieden vorgegebene Integralwerte und anschließend die zugehörigen oberen Integrationsgrenzen mit Hilfe des NEWTON-Iterationsverfahrens ermittelt werden mußten.

7. Zusammenfassung

Die klassischen Quadraturverfahren einschließlich der zahlreichen neuen Quadraturformeln, welche in den letzten zwanzig Jahren entwickelt worden sind, geben im Endeffekt die Stammfunktion in diskontinuierlicher Form wieder. Zur bestimmten Integration reicht das ja auch vollkommen aus. Zur unbestimmten Integration sind diese Verfahren bei Verwendung einer elektronischen Datenverarbeitungsanlage bereits wesentlich schwerfälliger, vor allem aber im allgemeinen mit einem großen Rechenaufwand verbunden. Die in dieser Arbeit eingehend behandelten Verfahren liefern dagegen einen handlichen analytischen Näherungsausdruck für die gesuchte Stammfunktion, welcher z. B. die Berechnung beliebig vieler Funktionswerte der Stammfunktion mit einer beliebig vorgegebenen Genauigkeit aus dem Integrationsintervall $[a, b]$ mit einem minimalen Rechenaufwand gestattet. Darüber hinaus stellt das in [10] erstmals entwickelte MCC-Verfahren (= modifiziertes CLENSHAW-CURTIS-Verfahren) die bestmögliche Approximation der N-ten Partialsumme der exakten TSCHEBYSCHEFF-Entwicklung der Stammfunktion $F(x)$ dar. Ferner kann man damit eine völlig neue Quadraturaufgabe, nämlich bei gegebenem Integralwert und bei z. B. gegebener unterer Integrationsgrenze, die obere Integrationsgrenze mit einer vorgegebenen Genauigkeit zu berechnen, in einfachster Weise lösen.

Ausgehend von der theoretischen Untersuchung des Approximationsproblems, eine gegebene Funktion $f(x)$ sowohl mit Hilfe der verallgemeinerten FOURIER-Entwicklung als auch mit Hilfe der angenäherten TSCHEBYSCHEFF-Approximation in einem finiten Intervall unter bestimmten Voraussetzungen beliebig genau zu approximieren, leiten wir zuerst sowohl das CC-Verfahren (= CLENSHAW-CURTIS-Verfahren) als auch das MCC-Verfahren her. Zu beiden Verfahren führen wir einen Quadraturkonvergenzbeweis und geben eine Fehlerabschätzung an. Außerdem gehen wir eingehend auf die praktische Durchführung einschließlich einer automatischen Genauigkeitskontrolle ein.

Zu beiden Verfahren werden überdies eine Reihe von interessanten asymptotischen Eigenschaften abgeleitet und ihre Verwandtschaft mit den GAUSS-TYP-Quadraturformeln aufgezeigt.

Ferner wird auch auf weitere Verwendungsmöglichkeiten dieser beiden Verfahren, z. B. auf die direkte Approximation einer gegebenen Funktion $f(x)$ oder ihrer Ableitung $f'(x)$ mit Hilfe des CC- bzw. des MCC-Verfahrens hingewiesen und an einigen durchgerechneten Beispielen deren Vorteile gezeigt. In einem separaten Abschnitt beweisen wir, daß für Integranden $f(x) \in \mathrm{Lip}\, \alpha$ mit $0 < \alpha \leqq 1$ die Approximationsordnung des MCC-Verfahrens für $n < 400$ um den Faktor $\frac{1}{n}$ besser als diejenige des CC-Verfahrens ist. Dieses neue theoretische Resultat wird durch die hierzu durchgeführten numerischen Untersuchungen voll bestätigt. Schließlich werden beide Verfahren an Hand zahlreicher Quadraturaufgaben mit Hilfe der elektronischen Datenverarbeitungsanlage CD 6400 des Rechenzentrums der Rhein.-Westf. Technischen Hochschule Aachen bei mittleren und sehr hohen Genauigkeitsforderungen getestet und untereinander sowie mit den herkömmlichen Quadraturverfahren, wie z. B. den GAUSS'schen Formeln und dem Verfahren von ROMBERG–BULIRSCH–STOER, bezüglich der bei verschieden vorgegebenen Genauigkeitsforderungen jeweils erforderlichen Anzahl von Funktionsaufrufen und bezüglich der Gesamtrechenzeit, sowohl bei bestimmter Integration als auch bei verschieden feiner Tabellierung der Stammfunktion verglichen. Einige Ergebnisse wurden übersichtlich in Tabellen und Diagrammen zusammengestellt.

Zusammenfassend kann gesagt werden, daß das MCC-Verfahren im allgemeinen sowohl bezüglich der bei einer vorgegebenen Genauigkeit erforderlichen Anzahl von Funktionsaufrufen als auch bezüglich der Rechenzeit dem CC-Verfahren überlegen ist. Außerdem sind beide Verfahren bei unbestimmter Integration bei gleicher geforderter Genauigkeit wesentlich schneller als die herkömmlichen Verfahren. Bei der bestimmten Integration liegen die Verhältnisse im allgemeinen natürlich umgekehrt, dafür hat man aber beim MCC-Verfahren eine angenäherte TSCHEBYSCHEFF-Approximation der Stammfunktion $F(x)$. Diese erfordert bei n Stützstellen n einzelne Nebenquadraturen zur Ermittlung der Entwicklungskoeffizienten $a_0, a_1, \ldots, a_n$; deshalb ist es nicht verwunderlich, daß man hierbei, wenn man nur einen einzigen Integralwert berechnen möchte – dazu sind ja diese Verfahren gar nicht entwickelt worden – einen relativ hohen Rechenpreis bezahlen muß.

Für die Mitwirkung bei diesen Untersuchungen danke ich den Herren Dipl.-Math. E. GRAVE und cand. math. M. LINDENLAUF.

8. Literaturverzeichnis

[1] Achieser, N. I., Vorlesungen über Approximationstheorie. Akademie-Verlag, Berlin 1967.

[2] Bulirsch, R., und J. Stoer, Numerical Quadrature by Extrapolation. Num. Math. 9 (1967), 271–278.

[3] Chawla, M. M., Error Estimates for the Clenshaw-Curtis-Quadrature. Math. of Comp. 22 (1968), 651–656.

[4] Cheney, E. W., Introduction to Approximation Theory. McGraw Hill Book Comp., New York 1966.

[5] Clenshaw, C. W., and A. R. Curtis, A Method for Numerical Integration on an Automatic Computer. Num. Math. 2 (1960), 197–205.

[6] Davis, P. J., Interpolation and Approximation. Springer-Verlag, Berlin 1964.

[7] Davis, P. J., and P. Rabinowitz, Some Geometrical Theorems for Abscissas and Weights of Gauss Type. J. of Math. Anal. and Applic. 2 (1961), 428–437.

[8] Davis, P. J., and P. Rabinowitz, Numerical Integration. Blaisdell Publ. Comp., Waltham 1967.

[9] Elliott, D., Truncation Errors in Two Chebyshev Series Approximations. Math. of Comp. 19 (1965), 234–248.

[10] Filippi, S., Angenäherte Tschebyscheff-Approximation einer Stammfunktion – eine Modifikation des Verfahrens von Clenshaw und Curtis. Num. Math. 6 (1964), 320–328.

[10.1] Filippi, S., Das Verfahren von Romberg–Stiefel–Bauer als Spezialfall des allgemeinen Prinzips von Richardson, Teil I und Teil II. Mathematik–Technik–Wirtschaft (jetzt »Computing«) 11 (1964), 49–54 und 98–100.

[10.2] Filippi, S., Optimale Differentiationsformeln zur numerischen Lösung von Rand- und Eigenwertproblemen bei gewöhnlichen Differentialgleichungen. Monatshefte für Math. 68 (1964), 307–325.

[10.3] Filippi, S., Neue Gauss-Typ-Quadraturformeln. Habilitationsarbeit, TH Aachen 1964.

[10.4] Filippi, S., Neue Gauss-Typ-Quadraturverfahren, Teil I und Teil II. elektronische datenverarbeitung 8 (1966), 174–180 und 239–245.

[10.5] Filippi, S., und H. Engels, Altes und Neues zur numerischen Differentiation. elektronische datenverarbeitung 8 (1966), 57–65.

[10.6] Filippi, S., und H. Engels, Neue Sätze und Ergebnisse zur numerischen Differentiation. Monatshefte für Math. 70 (1966), 193–211.

[10.7] Filippi, S., Neue Hermitesche Quadraturformeln. Monatshefte für Math. 71 (1967), 123–142.

[10.8] Filippi, S., und H. Esser, Nachweis der Nicht-Existenz einer konvergenten Teilfolge zu den Newton-Cotes-Quadratur- und Kubaturformeln. elektronische datenverarbeitung 10 (1968), 14–15.

[10.9] Filippi, S., und H. Esser, Eine Reihe neuer Sätze und Ergebnisse zur numerischen Quadratur. elektronische datenverarbeitung 11 (1969), 166–180.

[10.10] Filippi, S., Zur Fourier-Tschebyscheff-Approximation bei Quadraturaufgaben. elektronische datenverarbeitung 11 (1969).

[11] Fox, L., and I. B. Parker, Chebyshev Polynomials in Numerical Analysis. University Press, Oxford 1968.

[12] Fraser, W., and M. W. Wilson, Remarks on the Clenshaw–Curtis Quadrature Scheme. SIAM Rev. 8 (1966), 322–327.

[13] O'Hara, H., and F. J. Smith, Error Estimation in Clenshaw–Curtis Quadrature Formula. The Comp. J. 11 (1968), 213–219.

[14] Imhof, I. P., On the Method for Numerical Integration of Clenshaw and Curtis. Num. Math. 5 (1963), 138–141.

[15] Krylov, V. I., Approximate Calculation of Integrals. The Macmillan Comp., New York 1962.

[16] Owen, D. B., Handbook of Statistical Tables. Pergamon Press, London 1962.
[17] Phillips, G. M., Estimate of the Maximum Error in Best Polynomial Approximations. The Comp. J. 11 (1968), 110–111.
[18] Rabinowitz, P., Error Bounds in Gaussian Integration of Functions of Low-Order Continuity. Math. of Comp. 22 (1968), 432–436.
[19] Smith, F. J., Quadrature Methods based on the Euler–Maclaurin Formula and on the Clenshaw–Curtis Method of Integration. Num. Math. 7 (1965), 406–411.
[20] Snyder, M. A., Chebyshev Methods in Numerical Approximations. Prentice Hall, Englewood Cliffs 1966.
[21] Szegö, G., Orthogonal Polynomials. Am. Math. Soc., Coll. Publ., New York 1948.
[22] Wright, K., Series Methods for Integration. The Comp. J. 9 (1966), 191–199.
[23] Zurmühl, R., Zur angenäherten ganzrationalen Tschebyscheff-Approximation mit Hilfe trigonometrischer Interpolation. Num. Math. 6 (1964), 1–5.

9. Anhang

Tab. 1

$T_i(x)$	a_0	a_1	a_2	a_3	a_4	a_5	a_6	a_7	a_8	a_9	a_{10}
$T_0(x)$	1	0	0	0	0	0	0	0	0	0	0
$T_1(x)$	0	1	0	0	0	0	0	0	0	0	0
$T_2(x)$	—1	0	2	0	0	0	0	0	0	0	0
$T_3(x)$	0	—3	0	4	0	0	0	0	0	0	0
$T_4(x)$	1	0	—8	0	8	0	0	0	0	0	0
$T_5(x)$	0	5	0	—20	0	16	0	0	0	0	0
$T_6(x)$	—1	0	18	0	—48	0	32	0	0	0	0
$T_7(x)$	0	—7	0	56	0	—112	0	64	0	0	0
$T_8(x)$	1	0	—32	0	160	0	—256	0	128	0	0
$T_9(x)$	0	9	0	—120	0	432	0	—576	0	256	0
$T_{10}(x)$	—1	0	50	0	—400	0	1120	0	—1280	0	512

Ablesebeispiel: $T_4(x) = a_0 + a_1 x + a_2 x^2 + a_3 x^3 + a_4 x^4 = 1 - 8\,x^2 + 8\,x^4$

Tab. 2

	Exakte Koeffizienten	MCC[1]		CC[2]	
n	B_n	b_n	Fehler (%)	b_n	Fehler (%)
0	1,2660659	1,2661037	—0,003	1,2660967	—0,002
1	1,1303182	1,1303182	0	1,1302959	0,003
2	0,2714953	0,2714953	0	0,2713604	0,050
3	0,0443368	0,0443368	0	0,0443444	—0,017
4	0,0054742	0,0054738	0,007	0,0056100	—2,481
5	0,0005429	0,0005384	0,830	0,0005474	—0,830

[1] MCC = modifiziertes Clenshaw-Curtis-Verfahren.
[2] CC = Clenshaw-Curtis-Verfahren.

Tab. 3

	CC	MCC
n	b_n	b_n
0	0,6662547	0,6662407
1	0,5440392	0,5440391
2	—0,1163386	—0,1163421
3	0,0114614	0,0114609
4	0,0032868	0,0032882
5	—0,0019467	—0,0019484
6	0,0004350	0,0004320
7	0,0000069	0,0000085
8	—0,0000450	—0,0000426
9	0,0000141	0,0000161

Tab. 4

	MCC	LIBRARY FUNCTION
Tabellierung über 100 Werte bei einer geforderten Genauigkeit von 12 Ziffern		
Rechenzeit	0,252 [sec]	0,207 [sec]
Funktionsaufrufe	12	100
Tabellierung über 200 Werte bei einer geforderten Genauigkeit von 5 Ziffern		
Rechenzeit	0,276 [sec]	0,412 [sec]
Funktionsaufrufe	6	200
Tabellierung über 200 Werte bei einer geforderten Genauigkeit von 8 Ziffern		
Rechenzeit	0,380 [sec]	0,412 [sec]
Funktionsaufrufe	10	200

Tab. 5

Beispiel	Bereich	Polynomgrad N	Verhältnis der Maximalfehler: $\frac{R_{CC}}{R_{MCC}}$
$\int \frac{dx}{x}$	$1 \leqq x \leqq 3$	9	1,62
$\int \frac{dx}{x}$	$1 \leqq x \leqq 3$	25	51,3
$\int x \cos 3\, x dx$	$0 \leqq x \leqq \pi$	9	3,37
$\int \frac{dx}{1 + e^x}$	$0 \leqq x \leqq 10$	15	1,34
$\int \frac{dx}{1 + e^x}$	$0 \leqq x \leqq 1$	15	40,2
$\int \sinh x dx$	$0 \leqq x \leqq 10$	15	2,41
$\int \cosh x dx$	$-6{,}4 \leqq x \leqq 6{,}4$	33	1,07
$\int \operatorname{arc\,tg} x dx$	$0 \leqq x \leqq 3$	60	134

Tab. 6 Anzahl der Funktionsaufrufe bei beiden CC-*Verfahren in Abhängigkeit von der geforderten Genauigkeit*

Integral	Richtige Ziffern — 7 Verfahren		8	9	10	11	12	13	14	15	16	17
(1)*	CC	12	14	14	15	16	17	18	19	20	21	22
	MCC	12	13	14	15	16	17	18	18	19	19	20
(2)	CC	25	27	30	33	37	41	45	50	55	60	65
	MCC	25	28	30	32	35	39	42	45	49	53	57
(3)	CC	21	23	25	27	30	33	38	44	51	58	65
	MCC	17	19	22	25	29	33	36	39	41	44	47
(4)	CC	12	14	15	17	19	20	21	23	25	27	30
	MCC	12	14	15	17	19	20	21	22	23	24	25
(5)	CC	11	12	14	15	17	19	21	24	27	30	33
	MCC	12	14	15	17	18	19	21	23	24	25	26
(6)	CC	17	18	19	20	21	23	25	27	30	33	36
	MCC	17	18	19	21	23	25	26	27	30	31	33
(7)	CC	21	22	23	25	26	27	30	33	36	39	43
	MCC	20	21	22	23	25	27	29	31	32	34	36
(8)	CC	13	15	17	19	20	22	24	26	28	30	33
	MCC	14	16	17	19	20	22	23	25	27	29	31
(9)	CC	11	12	14	15	17	19	21	23	25	27	30
	MCC	12	13	15	16	17	19	20	21	23	24	25
(10)	CC	17	20	23	26	28	30	33	37	41	45	50
	MCC	19	21	23	25	28	31	33	36	39	43	46
Summe	CC	160	177	194	212	231	251	276	306	338	370	407
	MCC	160	177	192	210	230	252	269	287	307	326	346
Mittel-	CC	16	17,7	19,4	21,2	23,1	25,1	27,6	30,6	33,8	37	40,7
wert	MCC	16	17,7	19,2	21	23	25,2	26,9	28,7	30,7	32,6	34,6

* siehe 6.1

Tab. 7 Anzahl der Funktionsaufrufe in Abhängigkeit von der geforderten Genauigkeit beim Verfahren von ROMBERG *und beim Verfahren von* ROMBERG–BULIRSCH–STOER

Integral	Richtige Ziffern — Verfahren	6	7	8	9	10	11	12	13
(1)	ROMBERG	9	17	17	33	33	33	33	65
	ROMBERG–BULIRSCH–STOER	9	9	9	9	13	13	17	17
(2)	ROMBERG	33	65	129	129	129	257	257	257
	ROMBERG–BULIRSCH–STOER	33	49	97	97	129	129	193	193
(3)	ROMBERG	17	33	33	65	65	65	129	129
	ROMBERG–BULIRSCH–STOER	17	25	25	33	33	65	65	65
(4)	ROMBERG	9	17	17	33	33	33	65	65
	ROMBERG–BULIRSCH–STOER	9	13	13	17	25	25	33	33
(5)	ROMBERG	9	17	17	33	33	65	65	65
	ROMBERG–BULIRSCH–STOER	9	9	13	17	25	25	33	33
(6)	ROMBERG	17	33	33	65	65	65	65	129
	ROMBERG–BULIRSCH–STOER	17	17	33	33	49	49	65	65
(7)	ROMBERG	33	65	65	129	129	129	129	257
	ROMBERG–BULIRSCH–STOER	13	17	17	25	25	33	33	49
(8)	ROMBERG	9	17	17	33	33	65	65	129
	ROMBERG–BULIRSCH–STOER	13	17	17	25	25	33	33	33
(9)	ROMBERG	9	17	17	17	33	33	33	65
	ROMBERG–BULIRSCH–STOER	9	9	13	17	25	25	33	33
(10)	ROMBERG	33	65	129	129	129	129	257	257
	ROMBERG–BULIRSCH–STOER	33	49	49	65	65	97	97	97
Summe	ROMBERG	178	346	474	666	682	874	1098	1418
	ROMBERG–BULIRSCH–STOER	162	216	286	338	414	494	602	618
Mittel-wert	ROMBERG	17,8	34,6	47,4	66,6	68,2	87,4	109,8	141,8
	ROMBERG–BULIRSCH–STOER	16,2	21,6	28,6	33,8	41,4	49,4	60,2	61,8

Tab. 8 Anzahl der Funktionsaufrufe in Abhängigkeit von der geforderten Genauigkeit beim Verfahren von Gauss *mit automatischer Schrittweitensteuerung (G.m.a.S.) und einfacher* Gauss-*Quadratur ohne jede Fehlerkontrolle* (Gauss)

Integral	Richtige Ziffern — Verfahren	6	7	8	9	10	11	12	13	14	15
(1)	G.m.a.S.		21	28	28	36	36	45	54	72	72
	Gauss	5	5	6	6	7	7	8	8		
(2)	G.m.a.S.		42	49	65	65	65	78	104	104	117
	Gauss	12	13	14	16	18	20	24	28		
(3)	G.m.a.S.		39	52	52	52	65	65	91	104	104
	Gauss	8	10	11	12	15	16	16	20		
(4)	G.m.a.S.		28	28	39	39	39	39	52	65	65
	Gauss	5	6	6	7	8	9	10	10		
(5)	G.m.a.S.		28	28	35	35	39	39	52	52	65
	Gauss	5	6	6	7	8	9	10	10		
(6)	G.m.a.S.		27	36	36	45	63	63	78	78	78
	Gauss	6	7	8	10	11	11	12	12		
(7)	G.m.a.S.		39	52	52	52	65	65	104	104	117
	Gauss	8	9	9	10	11	11	12	12		
(8)	G.m.a.S.		21	35	36	42	42	63	63	63	90
	Gauss	6	7	8	9	10	10	11	13		
(9)	G.m.a.S.		28	28	42	45	45	63	81	99	117
	Gauss	4	5	6	7	8	9	10	10		
(10)	G.m.a.S.		52	65	65	65	78	78	78	104	104
	Gauss	10	12	13	14	16	18	20	24		
Summe	G.m.a.S.		325	401	450	476	537	598	667	845	929
	Gauss	69	80	87	98	112	120	133	147		
Mittelwert	G.m.a.S.		32,5	40,1	45	47,6	53,7	59,8	66,7	84,5	92,9
	Gauss	6,9	8	8,7	9,8	11,2	12	13,3	14,7		

Tab. 9 Rechenzeiten für die Tabellierung:

$$\int_0^{0,05\,(0,05)\,1} \frac{x}{2+x^3}\,dx \quad \text{(Rechenzeiten in 1/1000 sec)}$$

Verfahren — Geforderte Genauigkeit	CC	MCC	Romberg-Bulirsch-Stoer	Gauss	Romberg
10^{-7}	130	165	–*	39	67
10^{-8}	–	–	–	–	71
10^{-9}	–	–	–	42	84
10^{-10}	–	–	–	–	93
10^{-11}	179	–	318	45	–
10^{-12}	216	–	–	–	116
10^{-13}	–	232	–	46	128
10^{-15}	–	–	415	–	–
10^{-18}	364	–	–	–	–
10^{-21}	–	390	–	–	–
10^{-26}	–	496	–	–	–

* nicht gerechnet

Tab. 10 Rechenzeiten für die Tabellierung (100 Werte):

$$\int_0^{0,01\,(0,01)\,1} \frac{dx}{1+x^3} \quad \text{(Rechenzeiten in 1/1000 sec)}$$

Verfahren — Geforderte Genauigkeit	CC	MCC	Romberg-Bulirsch Stoer	Gauss	Romberg
10^{-7}	–*	–	827	163	288
10^{-8}	–	–	–	169	341
10^{-9}	–	375	–	177	372
10^{-10}	353	–	1271	–	439
10^{-11}	–	–	–	–	486
10^{-12}	–	–	1913	195	557
10^{-13}	439	–	–	203	599
10^{-14}	460	513	–	–	–
10^{-17}	–	634	–	–	–
10^{-18}	633	–	–	–	–
10^{-22}	–	1073	–	–	–

* nicht gerechnet

Tab. 11 Bestimmte Integration:

$$\int_{-1}^{1} \frac{dx}{x^4 + x^2 + 0{,}9} \quad \text{(Rechenzeiten in 1/1000 sec)}$$

Verfahren — Geforderte Genauigkeit	CC	MCC	ROMBERG-BULIRSCH-STOER	GAUSS mit autom. Schrittweitensteuerung	GAUSS	ROMBERG
10^{-6}	–*	–	–	82	–	–
10^{-7}	105	132	18	–	5	7
10^{-8}	–	–	26	–	5	8
10^{-9}	–	–	31	137	5	–
10^{-10}	–	–	–	–	6	12
10^{-11}	–	–	–	204	6	13
10^{-12}	210	264	48	–	6	–
10^{-13}	–	–	49	295	7	18
10^{-17}	–	399	–	–	–	–

* nicht gerechnet

Tab. 12,1 F-Verteilung

	γ	0,5000	0,7500	0,9000	0,9500	0,9750	0,9900	0,9950
$n_1 = 7$	$n_2 = 19$	0,9394	1,4325	2,0580	2,5435	3,0509	3,7653	4,3448
	$n_2 = 20$	0,9378	1,4252	2,0397	2,5140	3,0074	3,6987	4,2569
	$n_2 = 21$	0,9362	1,4186	2,0233	2,4876	2,9686	3,6396	4,1789
	$n_2 = 22$	0,9349	1,4126	2,0084	2,4638	2,9338	3,5867	4,1094
	$n_2 = 23$	0,9336	1,4072	1,9949	2,4422	2,9023	3,5390	4,0469
	$n_2 = 24$	0,9324	1,4022	1,9826	2,4226	2,8738	3,4959	3,9905
$n_1 = 8$	$n_2 = 19$	0,9513	1,4228	2,0171	2,4768	2,9563	3,6305	4,1770
	$n_2 = 20$	0,9496	1,4153	1,9985	2,4471	2,9128	3,5644	4,0900
	$n_2 = 21$	0,9480	1,4086	1,9819	2,4205	2,8740	3,5056	4,0128
	$n_2 = 22$	0,9466	1,4025	1,9668	2,3965	2,8392	3,4530	3,9440
	$n_2 = 23$	0,9454	1,3969	1,9531	2,3748	2,8077	3,4057	3,8822
	$n_2 = 24$	0,9442	1,3918	1,9407	2,3551	2,7791	3,3629	3,8264
$n_1 = 9$	$n_2 = 19$	0,9606	1,4145	1,9836	2,4227	2,8801	3,5225	4,0428
	$n_2 = 20$	0,9588	1,4069	1,9649	2,3928	2,8365	3,4567	3,9564
	$n_2 = 21$	0,9573	1,4000	1,9480	2,3660	2,7977	3,3981	3,8799
	$n_2 = 22$	0,9559	1,3937	1,9327	2,3419	2,7628	3,3458	3,8116
	$n_2 = 23$	0,9546	1,3880	1,9189	2,3201	2,7313	3,2986	3,7502
	$n_2 = 24$	0,9534	1,3828	1,9063	2,3002	2,7027	3,2560	3,6949
$n_1 = 10$	$n_2 = 19$	0,9680	1,4073	1,9557	2,3779	2,8172	3,4338	3,9329
	$n_2 = 20$	0,9663	1,3995	1,9367	2,3479	2,7737	3,3682	3,8470
	$n_2 = 21$	0,9647	1,3925	1,9197	2,3210	2,7348	3,3098	3,7709
	$n_2 = 22$	0,9633	1,3861	1,9043	2,2967	2,6998	3,2576	3,7030
	$n_2 = 23$	0,9620	1,3803	1,8903	2,2747	2,6682	3,2106	3,6420
	$n_2 = 24$	0,9608	1,3750	1,8775	2,2547	2,6396	3,1681	3,5870
$n_1 = 11$	$n_2 = 19$	0,9741	1,4009	1,9321	2,3402	2,7645	3,3596	3,8410
	$n_2 = 20$	0,9724	1,3930	1,9129	2,3100	2,7209	3,2941	3,7555
	$n_2 = 21$	0,9708	1,3859	1,8956	2,2829	2,6819	3,2359	3,6798
	$n_2 = 22$	0,9694	1,3794	1,8801	2,2585	2,6469	3,1837	3,6122
	$n_2 = 23$	0,9681	1,3735	1,8659	2,2364	2,6152	3,1368	3,5515
	$n_2 = 24$	0,9669	1,3681	1,8530	2,2163	2,5865	3,0944	3,4967
$n_1 = 12$	$n_2 = 19$	0,9792	1,3953	1,9117	2,3080	2,7196	3,2965	3,7631
	$n_2 = 20$	0,9774	1,3873	1,8924	2,2776	2,6758	3,2311	3,6779
	$n_2 = 21$	0,9759	1,3801	1,8750	2,2504	2,6368	3,1730	3,6024
	$n_2 = 22$	0,9744	1,3735	1,8593	2,2258	2,6017	3,1209	3,5350
	$n_2 = 23$	0,9731	1,3675	1,8450	2,2036	2,5699	3,0740	3,4745
	$n_2 = 24$	0,9719	1,3621	1,8319	2,1834	2,5411	3,0316	3,4199

Tab. 12,2 F-Verteilung

	γ	0,5000	0,7500	0,9000	0,9500	0,9750	0,9900	0,9950
$n_1 = 7$	$n_2 = 25$	0,9314	1,3977	1,9714	2,4047	2,8478	3,4568	3,9394
	$n_2 = 26$	0,9304	1,3935	1,9610	2,3883	2,8240	3,4210	3,8928
	$n_2 = 27$	0,9295	1,3896	1,9515	2,3732	2,8021	3,3882	3,8501
	$n_2 = 28$	0,9287	1,3860	1,9427	2,3593	2,7820	3,3581	3,8110
	$n_2 = 29$	0,9279	1,3826	1,9345	2,3463	2,7633	3,3303	3,7749
	$n_2 = 30$	0,9272	1,3795	1,9269	2,3343	2,7460	3,3045	3,7416
$n_1 = 8$	$n_2 = 25$	0,9431	1,3871	1,9292	2,3371	2,7531	3,3239	3,7758
	$n_2 = 26$	0,9422	1,3828	1,9188	2,3205	2,7293	3,2884	3,7297
	$n_2 = 27$	0,9413	1,3788	1,9091	2,3053	2,7074	3,2558	3,6875
	$n_2 = 28$	0,9404	1,3752	1,9001	2,2913	2,6872	3,2259	3,6487
	$n_2 = 29$	0,9396	1,3717	1,8918	2,2783	2,6686	3,1982	3,6131
	$n_2 = 30$	0,9389	1,3685	1,8841	2,2662	2,6513	3,1726	3,5801
$n_1 = 9$	$n_2 = 25$	0,9523	1,3781	1,8947	2,2821	2,6766	3,2172	3,6447
	$n_2 = 26$	0,9513	1,3736	1,8841	2,2655	2,6528	3,1818	3,5989
	$n_2 = 27$	0,9504	1,3696	1,8743	2,2501	2,6309	3,1494	3,5571
	$n_2 = 28$	0,9496	1,3658	1,8652	2,2360	2,6106	3,1195	3,5186
	$n_2 = 29$	0,9488	1,3623	1,8568	2,2229	2,5919	3,0920	3,4832
	$n_2 = 30$	0,9480	1,3590	1,8490	2,2107	2,5746	3,0665	3,4505
$n_1 = 10$	$n_2 = 25$	0,9597	1,3701	1,8658	2,2365	2,6135	3,1294	3,5370
	$n_2 = 26$	0,9587	1,3656	1,8550	2,2197	2,5896	3,0941	3,4916
	$n_2 = 27$	0,9578	1,3615	1,8451	2,2043	2,5676	3,0618	3,4499
	$n_2 = 28$	0,9569	1,3576	1,8359	2,1900	2,5473	3,0320	3,4117
	$n_2 = 29$	0,9561	1,3541	1,8274	2,1768	2,5286	3,0045	3,3765
	$n_2 = 30$	0,9554	1,3507	1,8195	2,1646	2,5112	2,9791	3,3440
$n_1 = 11$	$n_2 = 25$	0,9658	1,3632	1,8412	2,1979	2,5603	3,0558	3,4470
	$n_2 = 26$	0,9648	1,3586	1,8303	2,1811	2,5363	3,0205	3,4017
	$n_2 = 27$	0,9638	1,3544	1,8203	2,1655	2,5143	2,9882	3,3602
	$n_2 = 28$	0,9630	1,3505	1,8110	2,1512	2,4940	2,9585	3,3222
	$n_2 = 29$	0,9622	1,3468	1,8024	2,1379	2,4752	2,9311	3,2871
	$n_2 = 30$	0,9614	1,3434	1,7944	2,1256	2,4577	2,9057	3,2547
$n_1 = 12$	$n_2 = 25$	0,9708	1,3570	1,8200	2,1649	2,5149	2,9931	3,3704
	$n_2 = 26$	0,9698	1,3524	1,8090	2,1479	2,4908	2,9578	3,3252
	$n_2 = 27$	0,9689	1,3481	1,7989	2,1323	2,4688	2,9256	3,2839
	$n_2 = 28$	0,9680	1,3441	1,7895	2,1179	2,4484	2,8959	3,2460
	$n_2 = 29$	0,9672	1,3404	1,7808	2,1045	2,4295	2,8685	3,2110
	$n_2 = 30$	0,9665	1,3369	1,7727	2,0921	2,4120	2,8431	3,1787

Tab. 12,3 F-Verteilung

	γ	0,5000	0,7500	0,9000	0,9500	0,9750	0,9900	0,9950
$n_1 = 10$	$n_2 = 7$	1,0304	1,6898	2,7025	3,6365	4,7611	6,6201	8,3803
	$n_2 = 8$	1,0175	1,6310	2,5380	3,3472	4,2951	5,8143	7,2106
	$n_2 = 9$	1,0077	1,5863	2,4163	3,1373	3,9639	5,2565	6,4172
	$n_2 = 10$	1,0000	1,5513	2,3226	2,9782	3,7168	4,8491	5,8467
	$n_2 = 11$	0,9937	1,5229	2,2482	2,8536	3,5257	4,5393	5,4183
	$n_2 = 12$	0,9886	1,4996	2,1878	2,7534	3,3736	4,2961	5,0855
$n_1 = 11$	$n_2 = 7$	1,0369	1,6869	2,6839	3,6030	4,7095	6,5382	8,2697
	$n_2 = 8$	1,0240	1,6275	2,5186	3,3130	4,2434	5,7343	7,1045
	$n_2 = 9$	1,0141	1,5823	2,3961	3,1025	3,9121	5,1779	6,3142
	$n_2 = 10$	1,0063	1,5469	2,3018	2,9430	3,6649	4,7715	5,7462
	$n_2 = 11$	1,0000	1,5182	2,2269	2,8179	3,4737	4,4624	5,3197
	$n_2 = 12$	0,9948	1,4946	2,1660	2,7173	3,3215	4,2198	4,9884
$n_1 = 12$	$n_2 = 7$	1,0423	1,6843	2,6681	3,5747	4,6658	6,4691	8,1764
	$n_2 = 8$	1,0293	1,6244	2,5020	3,2839	4,1997	5,6667	7,0149
	$n_2 = 9$	1,0194	1,5788	2,3789	3,0729	3,8682	5,1114	6,2274
	$n_2 = 10$	1,0116	1,5430	2,2841	2,9130	3,6209	4,7059	5,6613
	$n_2 = 11$	1,0052	1,5140	2,2087	2,7876	3,4296	4,3974	5,2363
	$n_2 = 12$	1,0000	1,4902	2,1474	2,6866	3,2773	4,1553	4,9062
$n_1 = 13$	$n_2 = 7$	1,0469	1,6820	2,6545	3,5503	4,6285	6,4100	8,0967
	$n_2 = 8$	1,0339	1,6217	2,4876	3,2590	4,1622	5,6089	6,9384
	$n_2 = 9$	1,0239	1,5757	2,3640	3,0475	3,8306	5,0545	6,1530
	$n_2 = 10$	1,0160	1,5396	2,2687	2,8872	3,5832	4,6496	5,5887
	$n_2 = 11$	1,0097	1,5104	2,1930	2,7614	3,3917	4,3416	5,1649
	$n_2 = 12$	1,0044	1,4862	2,1313	2,6602	3,2393	4,0999	4,8358
$n_1 = 14$	$n_2 = 7$	1,0509	1,6800	2,6426	3,5292	4,5961	6,3590	8,0279
	$n_2 = 8$	1,0378	1,6192	2,4752	3,2374	4,1297	5,5589	6,8721
	$n_2 = 9$	1,0278	1,5729	2,3510	3,0255	3,7980	5,0052	6,0887
	$n_2 = 10$	1,0199	1,5365	2,2553	2,8647	3,5504	4,6008	5,5257
	$n_2 = 11$	1,0135	1,5071	2,1792	2,7386	3,3588	4,2932	5,1031
	$n_2 = 12$	1,0082	1,4827	2,1173	2,6371	3,2062	4,0518	4,7748
$n_1 = 15$	$n_2 = 7$	1,0543	1,6781	2,6322	3,5107	4,5678	6,3143	7,9678
	$n_2 = 8$	1,0412	1,6170	2,4642	3,2184	4,1012	5,5151	6,8143
	$n_2 = 9$	1,0311	1,5705	2,3396	3,0061	3,7694	4,9621	6,0325
	$n_2 = 10$	1,0232	1,5338	2,2435	2,8450	3,5217	4,5581	5,4707
	$n_2 = 11$	1,0168	1,5041	2,1671	2,7186	3,3299	4,2509	5,0489
	$n_2 = 12$	1,0115	1,4796	2,1049	2,6169	3,1772	4,0096	4,7213

Tab. 12,4 F-Verteilung

	γ	0,5000	0,7500	0,9000	0,9500	0,9750	0,9900	0,9950
$n_1 = 13$	$n_2 = 19$	0,9835	1,3903	1,8940	2,2800	2,6808	3,2422	3,6961
	$n_2 = 20$	0,9818	1,3822	1,8745	2,2495	2,6369	3,1769	3,6111
	$n_2 = 21$	0,9802	1,3749	1,8570	2,2222	2,5978	3,1187	3,5358
	$n_2 = 22$	0,9787	1,3683	1,8411	2,1975	2,5626	3,0667	3,4686
	$n_2 = 23$	0,9774	1,3622	1,8267	2,1752	2,5308	3,0199	3,4083
	$n_2 = 24$	0,9762	1,3566	1,8136	2,1548	2,5019	2,9775	3,3538
$n_1 = 14$	$n_2 = 19$	0,9872	1,3859	1,8785	2,2556	2,6469	3,1949	3,6378
	$n_2 = 20$	0,9855	1,3777	1,8588	2,2250	2,6030	3,1296	3,5530
	$n_2 = 21$	0,9839	1,3703	1,8412	2,1975	2,5638	3,0715	3,4779
	$n_2 = 22$	0,9824	1,3636	1,8252	2,1727	2,5285	3,0195	3,4108
	$n_2 = 23$	0,9811	1,3574	1,8107	2,1502	2,4966	2,9727	3,3506
	$n_2 = 24$	0,9799	1,3518	1,7974	2,1298	2,4677	2,9303	3,2962
$n_1 = 15$	$n_2 = 19$	0,9905	1,3819	1,8647	2,2341	2,6171	3,1533	3,5866
	$n_2 = 20$	0,9887	1,3736	1,8449	2,2033	2,5731	3,0880	3,5020
	$n_2 = 21$	0,9871	1,3661	1,8271	2,1757	2,5338	3,0300	3,4270
	$n_2 = 22$	0,9856	1,3593	1,8111	2,1508	2,4984	2,9779	3,3600
	$n_2 = 23$	0,9843	1,3531	1,7964	2,1282	2,4665	2,9311	3,2999
	$n_2 = 24$	0,9831	1,3474	1,7831	2,1077	2,4374	2,8887	3,2456
$n_1 = 16$	$n_2 = 19$	0,9933	1,3782	1,8524	2,2149	2,5907	3,1165	3,5412
	$n_2 = 20$	0,9915	1,3699	1,8325	2,1840	2,5465	3,0512	3,4568
	$n_2 = 21$	0,9899	1,3623	1,8146	2,1563	2,5071	2,9931	3,3818
	$n_2 = 22$	0,9885	1,3555	1,7984	2,1313	2,4717	2,9411	3,3150
	$n_2 = 23$	0,9871	1,3492	1,7837	2,1086	2,4396	2,8943	3,2549
	$n_2 = 24$	0,9859	1,3434	1,7703	2,0880	2,4105	2,8519	3,2007
$n_1 = 17$	$n_2 = 19$	0,9958	1,3749	1,8414	2,1977	2,5670	3,0836	3,5008
	$n_2 = 20$	0,9940	1,3665	1,8214	2,1667	2,5228	3,0183	3,4164
	$n_2 = 21$	0,9924	1,3589	1,8034	2,1389	2,4833	2,9602	3,3416
	$n_2 = 22$	0,9909	1,3520	1,7871	2,1138	2,4478	2,9082	3,2748
	$n_2 = 23$	0,9896	1,3456	1,7723	2,0910	2,4157	2,8613	3,2148
	$n_2 = 24$	0,9884	1,3398	1,7587	2,0703	2,3865	2,8189	3,1606
$n_1 = 18$	$n_2 = 19$	0,9980	1,3719	1,8314	2,1823	2,5457	3,0541	3,4645
	$n_2 = 20$	0,9962	1,3634	1,8113	2,1511	2,5014	2,9887	3,3802
	$n_2 = 21$	0,9946	1,3557	1,7932	2,1232	2,4618	2,9306	3,3054
	$n_2 = 22$	0,9932	1,3488	1,7768	2,0980	2,4262	2,8786	3,2387
	$n_2 = 23$	0,9918	1,3424	1,7619	2,0751	2,3940	2,8317	3,1787
	$n_2 = 24$	0,9906	1,3365	1,7483	2,0543	2,3648	2,7892	3,1246

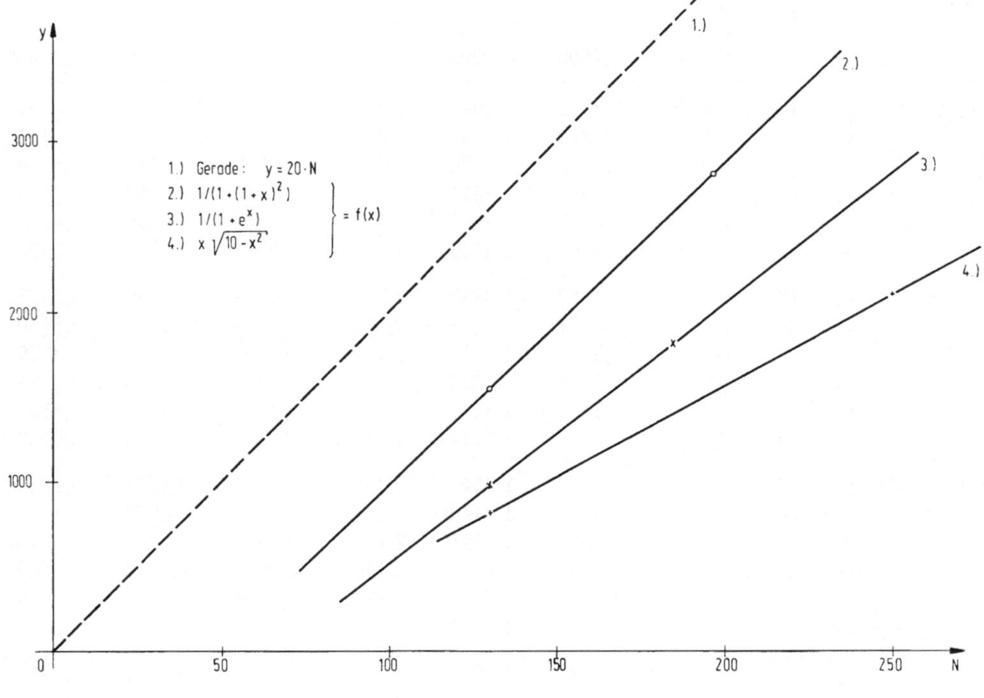

Diagramm 1

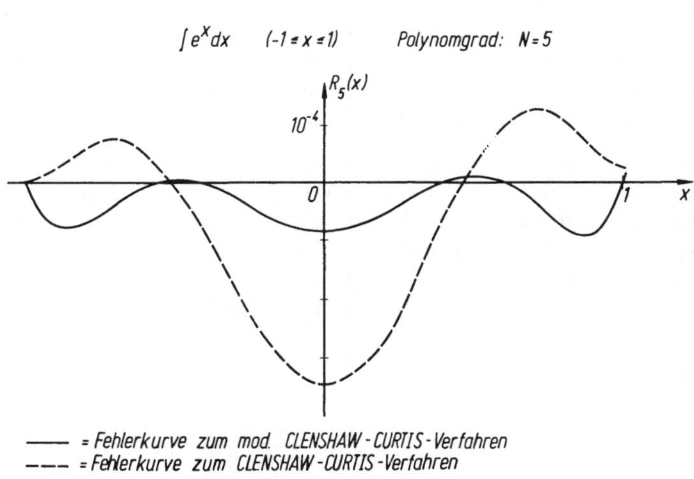

Diagramm 2

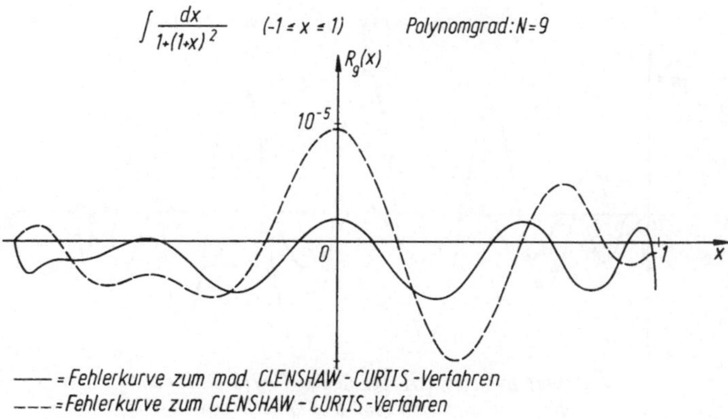

Diagramm 3

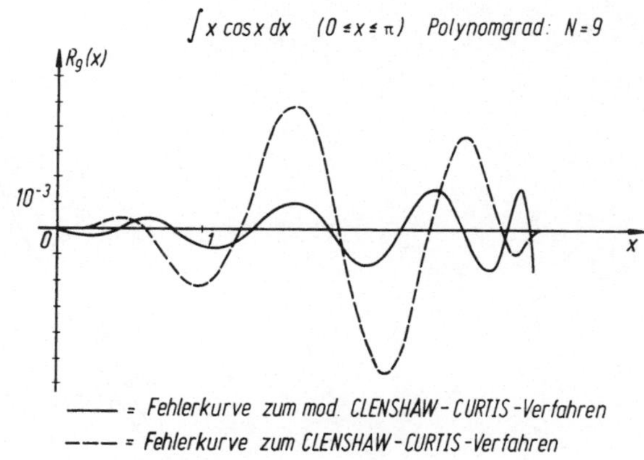

Diagramm 4

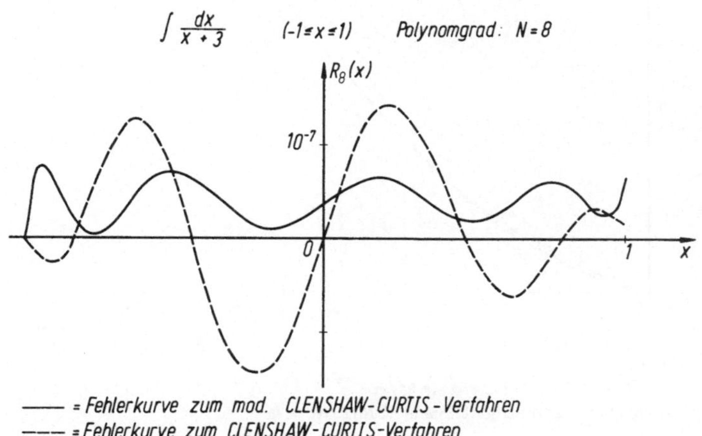

Diagramm 5

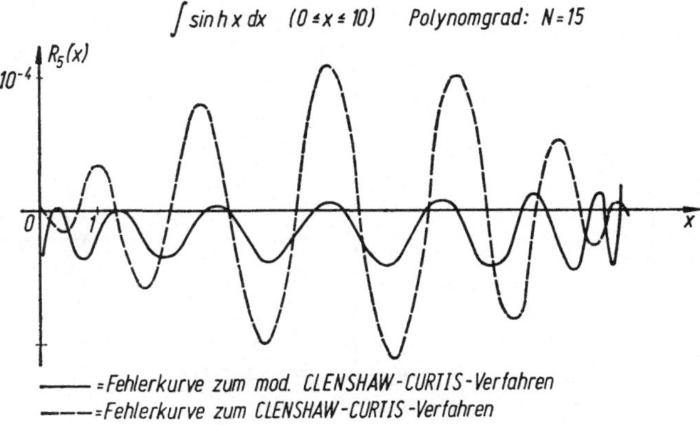

Diagramm 6

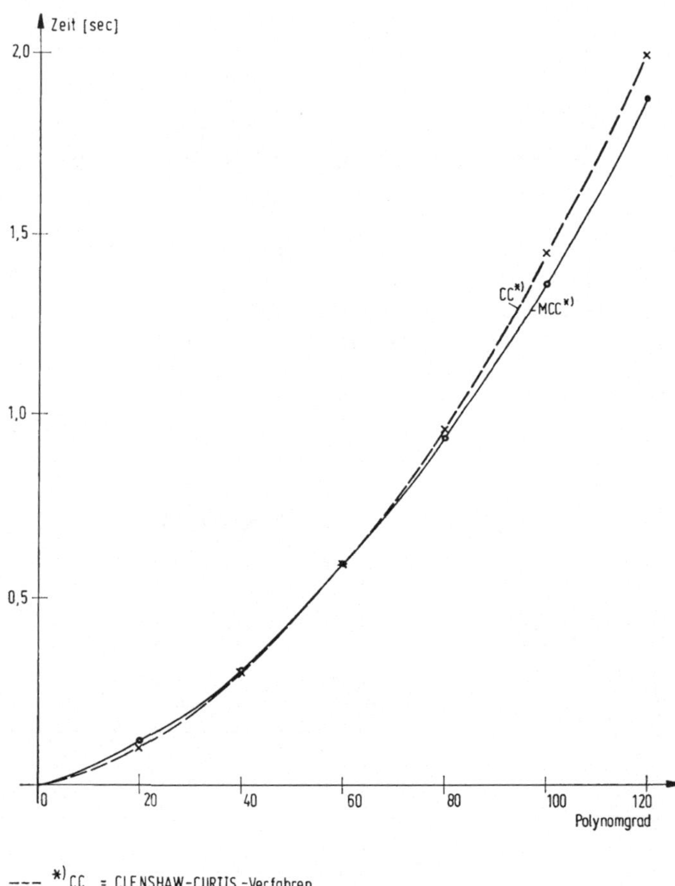

Diagramm 7 (Durchschnittsrechenzeiten bei der Integration von 12 verschiedenen Funktionen in Abhängigkeit vom Polynomgrad)

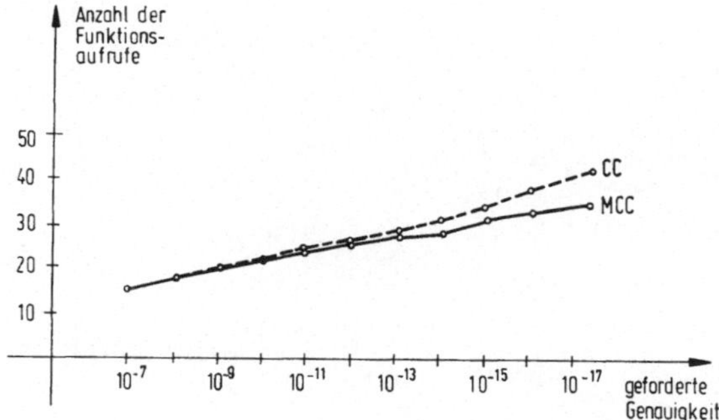

Diagramm 8

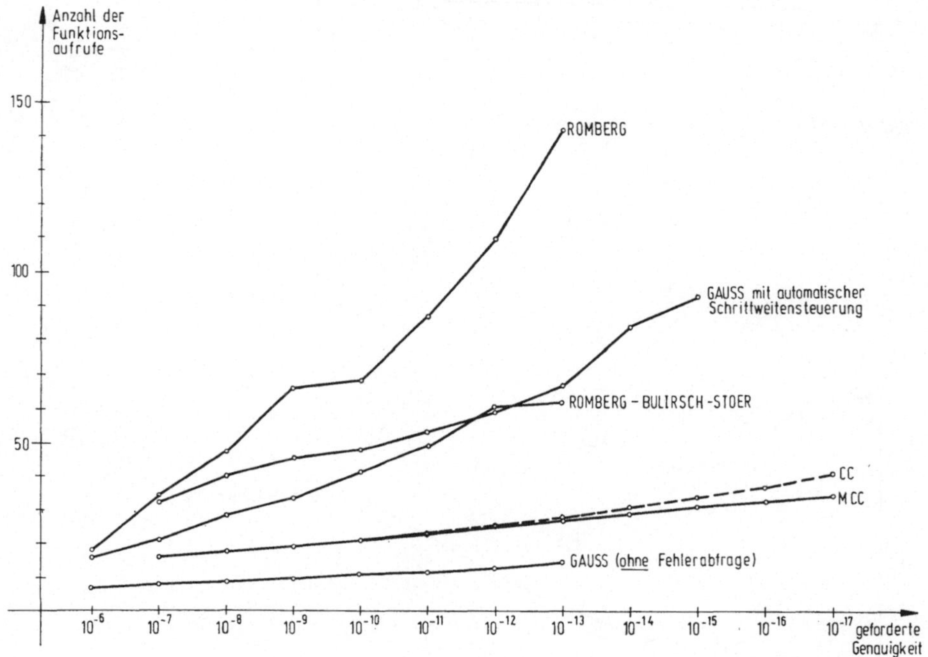

Diagramm 9 (Durchschnittliche Anzahl der Funktionsaufrufe aus 10 Integrationen, aufgetragen über der Genauigkeit)

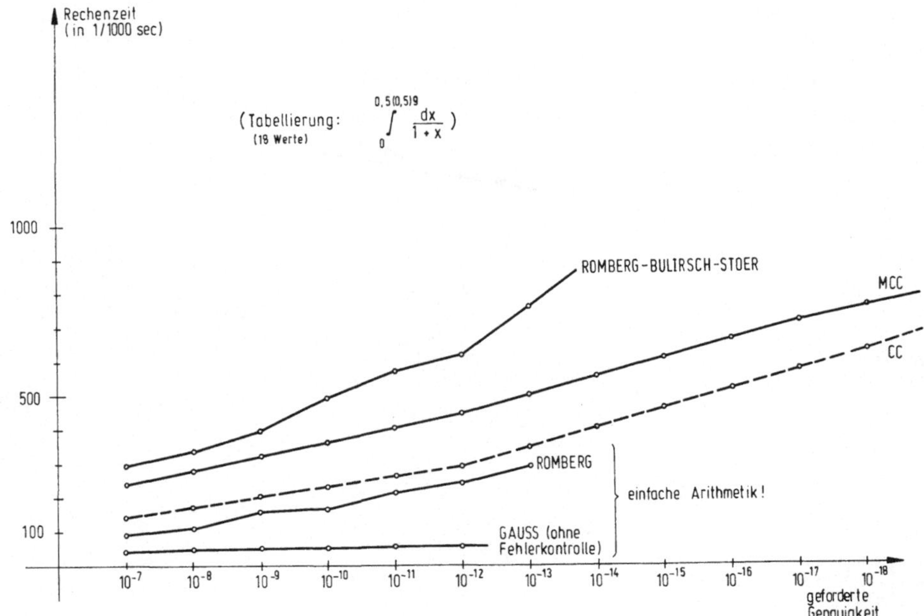

Diagramm 10

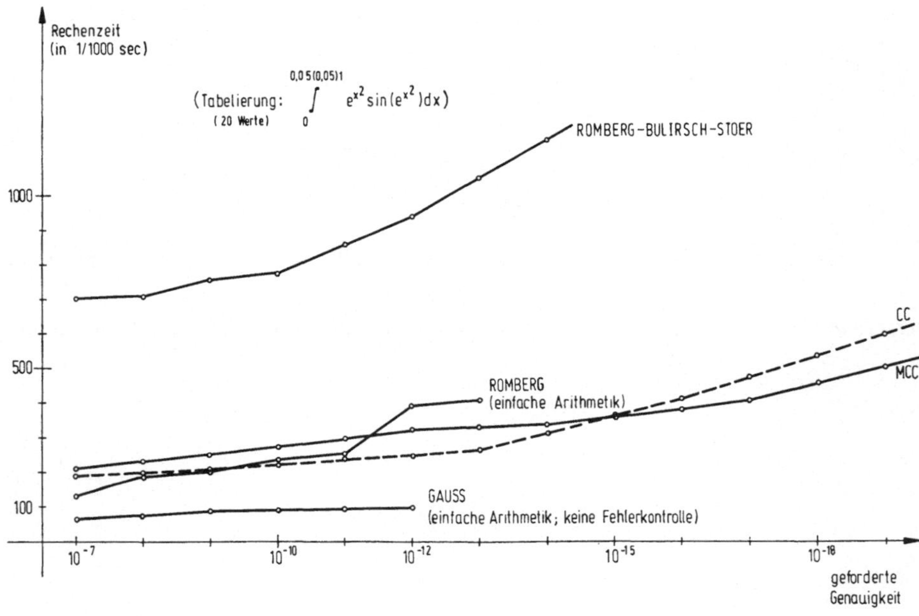

Diagramm 11

Rechenzeit
(in 1/1000 sec)
(Tabellierung: $\int_0^{1(1)10} \frac{dx}{1+e^x}$)
(10 Werte)
1000
500
100
ROMBERG-BULIRSCH-STOER
CC
MCC
ROMBERG (einfache Arithmetik)
GAUSS (einfache
Arithmetik; keine Fehlerkontrolle)
10^{-7}
10^{-10}
10^{-15}
10^{-20}
10^{-25}
10^{-30}
geforderte
Genauigkeit

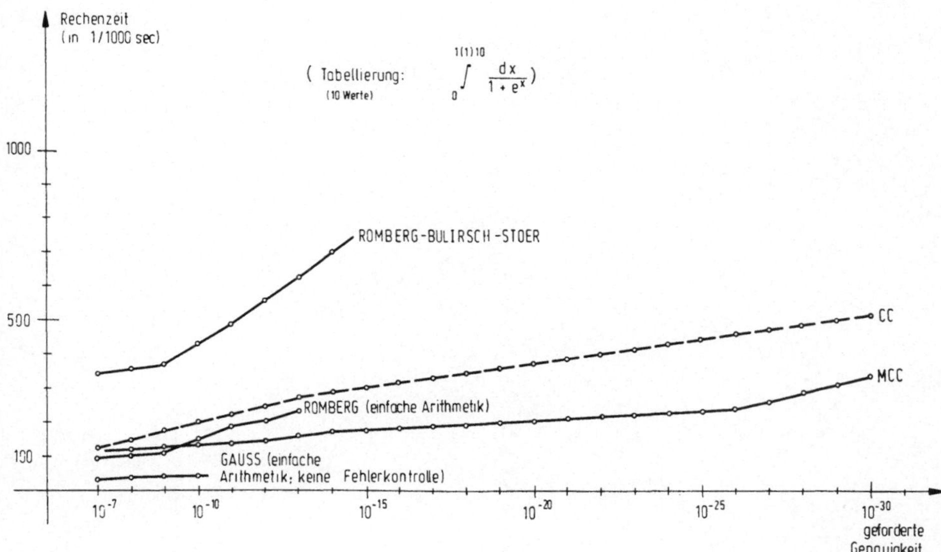

Diagramm 12

Forschungsberichte des Landes Nordrhein-Westfalen

Herausgegeben im Auftrage des Ministerpräsidenten Heinz Kühn
von Staatssekretär Professor Dr. h. c. Dr. E. h. Leo Brandt

Sachgruppenverzeichnis

Acetylen · Schweißtechnik
Acetylene · Welding gracitice
Acétylène · Technique du soudage
Acetileno · Técnica de la soldadura
Ацетилен и техника сварки

Arbeitswissenschaft
Labor science
Science du travail
Trabajo científico
Вопросы трудового процесса

Bau · Steine · Erden
Constructure · Construction material · Soil research
Construction · Matériaux de construction · Recherche souterraine
La construcción · Materiales de construcción · Reconocimiento del suelo
Строительство и строительные материалы

Bergbau
Mining
Exploitation des mines
Minería
Горное дело

Biologie
Biology
Biologie
Biologia
Биология

Chemie
Chemistry
Chimie
Quimica
Химия

Druck · Farbe · Papier · Photographie
Printing · Color · Paper · Photography
Imprimerie · Couleur · Papier · Photographie
Artes gráficas · Color · Papel · Fotografía
Типография · Краски · Бумага · Фотография

Eisenverarbeitende Industrie
Metal working industry
Industrie du fer
Industria del hierro
Металлообработывающая промышленность

Elektrotechnik · Optik
Electrotechnology · Optics
Electrotechnique · Optique
Electrotécnica · Optica
Электротехника и оптика

Energiewirtschaft
Power economy
Energie
Energía
Энергетическое хозяйство

Fahrzeugbau · Gasmotoren
Vehicle construction · Engines
Construction de véhicules · Moteurs
Construcción de vehículos · Motores
Производство транспортных средств

Fertigung
Fabrication
Fabrication
Fabricación
Производство

Funktechnik · Astronomie
Radio engineering · Astronomy
Radiotechnique · Astronomie
Radiotécnica · Astronomía
Радиотехника и астрономия

Gaswirtschaft
Gas economy
Gaz
Gas
Газовое хозяйство

Holzbearbeitung
Wood working
Travail du bois
Trabajo de la madera
Деревообработка

Hüttenwesen · Werkstoffkunde
Metallurgy · Materials research
Métallurgie · Materiaux
Metalurgia · Materiales
Металлургия и материаловедение

Kunststoffe
Plastics
Plastiques
Plásticos
Пластмассы

Luftfahrt · Flugwissenschaft
Aeronautics · Aviation
Aéronautique · Aviation
Aeronáutica · Aviación
Авиация

Luftreinhaltung
Air-cleaning
Purification de l'air
Purificación del aire
Очищение воздуха

Maschinenbau
Machinery
Construction mécanique
Construcción de máquinas
Машиностроительство

Mathematik
Mathematics
Mathématiques
Mathemáticas
Математика

Medizin · Pharmakologie
Medicine · Pharmacology
Médecine · Pharmacologie
Medicina · Farmacología
Медицина и фармакология

NE-Metalle
Non-ferrous metal
Metal non ferreux
Metal no ferroso
Цветные металлы

Physik
Physics
Physique
Física
Физика

Rationalisierung
Rationalizing
Rationalisation
Racionalización
Рационализация

Schall · Ultraschall
Sound · Ultrasonics
Son · Ultra-son
Sonido · Ultrasónico
Звук и ультразвук

Schiffahrt
Navigation
Navigation
Navegación
Судоходство

Textilforschung
Textile research
Textiles
Textil
Вопросы текстильной промышленности

Turbinen
Turbines
Turbines
Turbinas
Турбины

Verkehr
Traffic
Trafic
Tráfico
Транспорт

Wirtschaftswissenschaften
Political economy
Economie politique
Ciencias económicas
Экономические науки

Einzelverzeichnis der Sachgruppen bitte anfordern

Westdeutscher Verlag · Köln und Opladen
567 Opladen/Rhld., Ophovener Straße 1–3, Postfach 1620